U0390696

普通高等教育"十三五"规划教材

计算机公共基础与 MS Office 高级应用

何　鹍　孙明玉　吴登峰　主编

科学出版社

北京

内 容 简 介

本书参照教育部提出的非计算机专业三层次大学计算机基础教学的要求和全国计算机等级考试大纲编写。

本书分为两个部分,共 14 章,第 1 部分为计算机公共基础知识,包括算法与数据结构、程序设计基础、软件工程基础、数据库设计基础;第 2 部分为 MS Office 高级应用,包括 Word 2010 高级应用、Excel 2010 高级应用、PowerPoint 2010 高级应用。

本书适合作为全国计算机等级考试二级 MS Office 高级应用的应试教材,也可作为高等院校非计算机专业计算机通识课程的教材,还可作为办公自动化课程的培训教材及自学 MS Office 高级应用的参考用书。

图书在版编目(CIP)数据

计算机公共基础与 MS Office 高级应用/何鹍,孙明玉,吴登峰主编. —北京:科学出版社,2018.12

普通高等教育"十三五"规划教材

ISBN 978-7-03-059984-1

Ⅰ. ①计… Ⅱ. ①何… ②孙… ③吴… Ⅲ. ①电子计算机-高等学校-教材 ②办公自动化-应用软件-高等学校-教材 Ⅳ. ①TP3

中国版本图书馆 CIP 数据核字(2018)第 278886 号

责任编辑:戴 薇 王 惠 / 责任校对:赵丽杰
责任印制:吕春珉 / 封面设计:东方人华平面设计部

科学出版社 出版

北京东黄城根北街 16 号
邮政编码:100717
http://www.sciencep.com

铭浩彩色印装有限公司 印刷

科学出版社发行 各地新华书店经销
*

2018 年 12 月第 一 版 开本:787×1092 1/16
2020 年 1 月第三次印刷 印张:13 3/4
字数:324 000

定价:38.00 元
(如有印装质量问题,我社负责调换〈铭浩〉)

销售部电话 010-62136230 编辑部电话 010-62135397-2052

版权所有,侵权必究

举报电话:010-64030229;010-64034315;13501151303

前　言

全国计算机等级考试二级公共基础知识主要考查 4 部分内容，分别是基本数据结构与算法、程序设计基础、软件工程基础、数据库设计基础；全国计算机等级考试二级 MS Office 高级应用主要考查 4 部分的内容，分别是计算机基础知识、Word 的功能和使用、Excel 的功能和使用、PowerPoint 的功能和使用。

本书基于以上两个考试大纲编写而成，内容包括计算机公共基础知识和 MS Office 高级应用两部分。使用本书的前提是读者已掌握计算机基础知识和 MS Office 基本操作。本书侧重于对 Word 2010、Excel 2010、PowerPoint 2010 的高级功能进行详细、深入的解析和应用，旨在提高读者完成文案工作的效率和水平。

本书具体内容如下：

第 1 章，主要介绍算法与数据结构，内容包括算法与程序、数据结构、线性表、栈与队列、树与二叉树、查找与排序。

第 2 章，主要介绍程序设计基础，内容包括程序设计方法与风格、结构化程序设计、面向对象的程序设计。

第 3 章，主要介绍软件工程基础，内容包括软件工程的基本知识、软件结构化分析方法、软件设计方法、软件测试方法、程序的调试。

第 4 章，主要介绍数据库设计基础，内容包括数据库系统的基本概念、数据模型、关系数据库、数据库设计与实施。

第 5～7 章，主要介绍 Word 2010 高级应用，内容包括长文档的编辑、文档的修订与共享、通过邮件合并批量处理文档。

第 8～11 章，主要介绍 Excel 2010 高级应用，内容包括 Excel 公式和函数、使用 Excel 创建图表、分析与处理 Excel 数据、Excel 与其他程序的协同与共享。

第 12～14 章，主要介绍 PowerPoint 2010 高级应用，内容包括幻灯片中对象的编辑、幻灯片的交互效果设置、幻灯片的播放与共享。

书中实例所用素材下载地址：http://www.abook.cn。

本书由何鹍、孙明玉、吴登峰担任主编。感谢陈然、晏愈光、孙英娟、姜艳、刘妍、杨鑫、贾学婷、吴爽等在本书编写过程中给予的支持和帮助，使本书得以顺利成稿。

由于时间紧迫及编者水平有限，书中难免有不足之处，恳请广大读者批评指正。

编　者
2018 年 10 月

目　　录

第 1 部分　计算机公共基础知识

第 1 章　算法与数据结构 ……………………………………………………………………… 3

1.1　算法与程序 ………………………………………………………………………………… 3

1.1.1　算法的概念 …………………………………………………………………………… 3

1.1.2　程序的概念 …………………………………………………………………………… 7

1.2　数据结构 …………………………………………………………………………………… 8

1.2.1　数据结构的基本概念 ………………………………………………………………… 8

1.2.2　数据的基本结构 ……………………………………………………………………… 8

1.3　线性表 ……………………………………………………………………………………… 10

1.3.1　线性表的基本概念 …………………………………………………………………… 10

1.3.2　线性表的存储结构 …………………………………………………………………… 10

1.4　栈与队列 …………………………………………………………………………………… 13

1.4.1　栈 ……………………………………………………………………………………… 13

1.4.2　队列 …………………………………………………………………………………… 14

1.5　树与二叉树 ………………………………………………………………………………… 16

1.5.1　树的相关概念 ………………………………………………………………………… 16

1.5.2　二叉树及其基本性质 ………………………………………………………………… 17

1.5.3　二叉树的遍历 ………………………………………………………………………… 17

1.6　查找与排序 ………………………………………………………………………………… 18

1.6.1　查找 …………………………………………………………………………………… 18

1.6.2　排序 …………………………………………………………………………………… 19

第 2 章　程序设计基础 ………………………………………………………………………… 21

2.1　程序设计方法与风格 ……………………………………………………………………… 21

2.2　结构化程序设计 …………………………………………………………………………… 22

2.2.1　结构化程序设计的原则 ……………………………………………………………… 22

2.2.2　结构化程序设计的基本结构 ………………………………………………………… 22

2.2.3　结构化程序设计的应用 ……………………………………………………………… 23

2.3　面向对象的程序设计 ……………………………………………………………………… 23

2.3.1　面向对象方法的优点 ………………………………………………………………… 23

2.3.2　面向对象方法的基本概念 …………………………………………………………… 24

第 3 章　软件工程基础 ⋯⋯⋯⋯⋯⋯⋯⋯⋯⋯⋯⋯⋯⋯⋯⋯⋯⋯⋯⋯⋯⋯⋯ 27

3.1　软件工程的基础知识 ⋯⋯⋯⋯⋯⋯⋯⋯⋯⋯⋯⋯⋯⋯⋯⋯⋯⋯⋯⋯ 27

　　3.1.1　软件工程的基本概念 ⋯⋯⋯⋯⋯⋯⋯⋯⋯⋯⋯⋯⋯⋯⋯⋯ 27

　　3.1.2　软件工程周期 ⋯⋯⋯⋯⋯⋯⋯⋯⋯⋯⋯⋯⋯⋯⋯⋯⋯⋯⋯ 28

　　3.1.3　软件工具与软件开发环境 ⋯⋯⋯⋯⋯⋯⋯⋯⋯⋯⋯⋯⋯ 34

3.2　软件结构化分析方法 ⋯⋯⋯⋯⋯⋯⋯⋯⋯⋯⋯⋯⋯⋯⋯⋯⋯⋯⋯ 35

3.3　软件设计方法 ⋯⋯⋯⋯⋯⋯⋯⋯⋯⋯⋯⋯⋯⋯⋯⋯⋯⋯⋯⋯⋯⋯ 36

3.4　软件测试方法 ⋯⋯⋯⋯⋯⋯⋯⋯⋯⋯⋯⋯⋯⋯⋯⋯⋯⋯⋯⋯⋯⋯ 37

3.5　程序的调试 ⋯⋯⋯⋯⋯⋯⋯⋯⋯⋯⋯⋯⋯⋯⋯⋯⋯⋯⋯⋯⋯⋯⋯ 39

第 4 章　数据库设计基础 ⋯⋯⋯⋯⋯⋯⋯⋯⋯⋯⋯⋯⋯⋯⋯⋯⋯⋯⋯⋯⋯⋯ 42

4.1　数据库系统的基本概念 ⋯⋯⋯⋯⋯⋯⋯⋯⋯⋯⋯⋯⋯⋯⋯⋯⋯ 42

　　4.1.1　数据库和 DBMS ⋯⋯⋯⋯⋯⋯⋯⋯⋯⋯⋯⋯⋯⋯⋯⋯⋯ 42

　　4.1.2　数据库技术的发展 ⋯⋯⋯⋯⋯⋯⋯⋯⋯⋯⋯⋯⋯⋯⋯⋯ 43

　　4.1.3　典型数据库系统 ⋯⋯⋯⋯⋯⋯⋯⋯⋯⋯⋯⋯⋯⋯⋯⋯⋯ 44

　　4.1.4　数据库系统的基本特点 ⋯⋯⋯⋯⋯⋯⋯⋯⋯⋯⋯⋯⋯ 45

4.2　数据模型 ⋯⋯⋯⋯⋯⋯⋯⋯⋯⋯⋯⋯⋯⋯⋯⋯⋯⋯⋯⋯⋯⋯⋯⋯ 48

4.3　关系数据库 ⋯⋯⋯⋯⋯⋯⋯⋯⋯⋯⋯⋯⋯⋯⋯⋯⋯⋯⋯⋯⋯⋯⋯ 50

　　4.3.1　关系相关术语 ⋯⋯⋯⋯⋯⋯⋯⋯⋯⋯⋯⋯⋯⋯⋯⋯⋯⋯ 50

　　4.3.2　关系运算 ⋯⋯⋯⋯⋯⋯⋯⋯⋯⋯⋯⋯⋯⋯⋯⋯⋯⋯⋯⋯ 51

　　4.3.3　关系的完整性 ⋯⋯⋯⋯⋯⋯⋯⋯⋯⋯⋯⋯⋯⋯⋯⋯⋯⋯ 52

4.4　数据库设计与实施 ⋯⋯⋯⋯⋯⋯⋯⋯⋯⋯⋯⋯⋯⋯⋯⋯⋯⋯⋯ 54

第 2 部分　MS Office 高级应用

第 5 章　长文档的编辑 ⋯⋯⋯⋯⋯⋯⋯⋯⋯⋯⋯⋯⋯⋯⋯⋯⋯⋯⋯⋯⋯⋯⋯ 57

5.1　定义并使用样式 ⋯⋯⋯⋯⋯⋯⋯⋯⋯⋯⋯⋯⋯⋯⋯⋯⋯⋯⋯⋯⋯ 57

　　5.1.1　新建样式 ⋯⋯⋯⋯⋯⋯⋯⋯⋯⋯⋯⋯⋯⋯⋯⋯⋯⋯⋯⋯ 57

　　5.1.2　修改样式 ⋯⋯⋯⋯⋯⋯⋯⋯⋯⋯⋯⋯⋯⋯⋯⋯⋯⋯⋯⋯ 59

　　5.1.3　导入/导出样式 ⋯⋯⋯⋯⋯⋯⋯⋯⋯⋯⋯⋯⋯⋯⋯⋯⋯ 60

　　5.1.4　应用样式 ⋯⋯⋯⋯⋯⋯⋯⋯⋯⋯⋯⋯⋯⋯⋯⋯⋯⋯⋯⋯ 62

　　5.1.5　重命名样式 ⋯⋯⋯⋯⋯⋯⋯⋯⋯⋯⋯⋯⋯⋯⋯⋯⋯⋯⋯ 62

　　5.1.6　删除样式 ⋯⋯⋯⋯⋯⋯⋯⋯⋯⋯⋯⋯⋯⋯⋯⋯⋯⋯⋯⋯ 62

　　5.1.7　更新样式 ⋯⋯⋯⋯⋯⋯⋯⋯⋯⋯⋯⋯⋯⋯⋯⋯⋯⋯⋯⋯ 63

　　5.1.8　使用样式集 ⋯⋯⋯⋯⋯⋯⋯⋯⋯⋯⋯⋯⋯⋯⋯⋯⋯⋯⋯ 63

5.2　文档的分栏处理 ··· 65

5.3　文档的分页处理 ··· 67

5.4　文档的分节处理 ··· 67

5.5　设置页眉和页脚 ··· 68

　　5.5.1　建立页眉和页脚 ··· 68

　　5.5.2　插入页码 ··· 71

5.6　项目符号、编号和多级列表 ··· 72

　　5.6.1　添加和更改项目符号和编号 ··· 72

　　5.6.2　定义和使用多级列表 ··· 73

5.7　编辑文档目录 ··· 77

　　5.7.1　创建目录 ··· 77

　　5.7.2　更新目录 ··· 79

5.8　插入文档封面 ··· 80

5.9　插入脚注和尾注 ··· 80

第 6 章　文档的修订与共享 ··· 83

6.1　修订文档 ··· 83

6.2　管理文档 ··· 87

6.3　共享文档 ··· 92

第 7 章　通过邮件合并批量处理文档 ··· 94

7.1　邮件合并基础 ··· 94

7.2　制作信封 ··· 94

7.3　制作邀请函 ··· 98

第 8 章　Excel 公式和函数 ··· 103

8.1　使用公式的基本方法 ··· 103

8.2　定义与引用名称 ··· 105

　　8.2.1　定义名称 ··· 105

　　8.2.2　引用名称 ··· 108

8.3　函数的基本用法 ··· 109

　　8.3.1　插入和编辑函数 ··· 109

　　8.3.2　常用函数 ··· 111

8.4　常见问题及解决方法 ··· 121

第 9 章　使用 Excel 创建图表 ············ 123

9.1　创建图表 ············ 123

9.2　编辑图表 ············ 126

9.3　创建和编辑迷你图表 ············ 131

第 10 章　分析与处理 Excel 数据 ············ 138

10.1　数据排序 ············ 138

　　10.1.1　简单排序 ············ 138

　　10.1.2　高级排序 ············ 139

10.2　数据筛选 ············ 143

10.3　分类汇总与分级显示 ············ 147

10.4　数据透视表和透视图 ············ 152

10.5　合并计算 ············ 156

第 11 章　Excel 与其他程序的协同与共享 ············ 159

11.1　共享工作簿 ············ 159

11.2　修订工作簿 ············ 163

11.3　插入批注 ············ 166

11.4　获取外部数据 ············ 167

　　11.4.1　导入文本文件 ············ 167

　　11.4.2　插入超链接 ············ 171

11.5　与其他程序共享数据 ············ 172

11.6　宏的简单应用 ············ 173

第 12 章　幻灯片中对象的编辑 ············ 178

12.1　使用图形 ············ 178

12.2　使用图片 ············ 181

12.3　使用表格 ············ 182

12.4　使用图表 ············ 184

12.5　使用视频和音频 ············ 186

12.6　使用艺术字 ············ 188

12.7　使用自动版式插入对象 ············ 189

第 13 章　幻灯片的交互效果设置 ……………………………………………… 191

　13.1　动画效果 …………………………………………………………… 191

　13.2　设置切换效果 ……………………………………………………… 196

　13.3　幻灯片的超链接 …………………………………………………… 197

第 14 章　幻灯片的播放与共享 ………………………………………………… 200

　14.1　播放幻灯片 ………………………………………………………… 200

　14.2　播放设置 …………………………………………………………… 201

　14.3　共享幻灯片 ………………………………………………………… 204

　14.4　幻灯片的输出 ……………………………………………………… 205

参考文献 ………………………………………………………………………… 208

第 1 部分　计算机公共基础知识

　　本部分内容主要介绍全国计算机等级考试二级公共基础知识考试大纲所涉及的内容，包括 4 章：算法与数据结构、程序设计基础、软件工程基础、数据库设计基础。

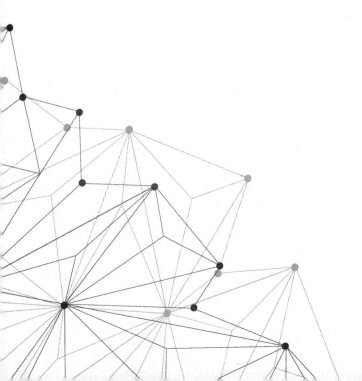

第1章 算法与数据结构

算法是程序设计的核心，是编程的基础，也最能体现利用计算机求解实际问题的思维方法。数据结构是计算机语言所提供的各种数据类型和数据的组织形式。

1.1 算法与程序

用计算机语言解决问题的过程包括建立数学模型、设计算法及编程调试 3 个步骤。著名计算机科学家沃思曾提出：数据结构+算法=程序。

1.1.1 算法的概念

1. 算法的定义与特性

算法是对特定问题求解步骤的一种描述，是指令的有限序列。算法可以理解为由基本运算及规定的运算顺序所构成的完整的解题步骤。一个算法应该具有以下 5 个特性：

1）有穷性。一个算法必须在有穷步骤之后结束，即必须在有限时间内完成。

2）确定性。算法的每一步骤必须有确切的定义，无二义性。

3）可行性。算法中的每一步都可以通过已经实现的基本运算的有限次执行来实现。

4）输入。一个算法有 0 个或多个输入。

5）输出。一个算法有一个或多个输出。

算法的含义与程序十分相似，但又有区别。一方面，一个程序不一定满足有穷性，如操作系统，只要整个系统不被破坏，它将永远不会停止，即使没有作业处理，它仍然处于动态等待中，因此操作系统不是一个算法。另一方面，程序中的指令必须是机器可执行的，而算法中的指令则无此限制。算法代表了对问题的求解步骤，而程序则是算法设计在计算机上的实现。一个算法若用程序设计语言来描述，则它就是一个程序。

要设计一个好的算法通常要考虑以下要求：

1）正确性。算法的执行结果应当满足预定的功能与性能要求。

2）可读性。算法应当思路清晰、层次分明、易读易懂。

3）健壮性。当输入非法数据时，不会引起严重后果。

4）高效性。有效使用存储空间和有较高的时间效率。

2. 算法的评价

同一问题可用不同的算法来解决，而一个算法的质量将影响算法乃至程序的效率。那么如何来评价算法的优劣呢？首先，算法必须是正确的。此外，主要考虑以下几个方面：

1）执行算法所耗费的时间，通常用算法的时间复杂度来衡量。

2）执行算法所耗费的存储空间，通常用算法的空间复杂度来衡量。

3）算法应该易于理解、易于编码、易于调试。

从理论上来看，我们希望寻找一个执行时间短、占用存储空间小、其他性能也好的算法。但是，现实中很难做到十全十美，原因是上述要求常常相互制约。节约时间的算法往往以牺牲空间为代价，而节约空间的算法往往以牺牲时间为代价。因此，只能根据具体情况有所侧重。

当一个算法转换成程序并在计算机上运行时，其执行的时间取决于下列因素：

1）计算机硬件的运算速度。

2）编写程序所用的语言。

3）编译程序所生成的目标代码的质量。

4）问题的规模。

显然，在各种因素都不能确定的情况下，很难确定算法的执行时间，即使用算法执行的绝对时间来衡量算法的效率是难以实现的。因此，在评价算法的效率时，通常不考虑计算机的软硬件因素。这样，一个算法的效率就只依赖于问题的规模（通常用正整数 n 表示），或者说，它是问题规模的函数。

3. 算法的时间复杂度

一个算法的时间复杂度是指执行算法所需要的计算工作量。

一个算法由控制结构和原操作构成，其执行时间取决于两者的综合效率。为了便于比较同一问题的不同算法，通常的做法是，从算法中选取对于所研究的问题来说是基本运算的原操作，以原操作重复执行的次数作为算法的时间度量。一般来说，算法中原操作的重复执行次数是问题规模 n 的函数，用 $f(n)$ 表示，算法的时间复杂度记为

$$T(n) = O(f(n))$$

因为算法执行时间的增长率和 $f(n)$ 的增长率成正比，所以 $f(n)$ 越小，算法的时间复杂度越低，算法的效率越高。

许多时候，要精确计算 $T(n)$ 是很困难的，可引入"渐进时间复杂度"在数量上估计一个算法的执行时间，达到分析算法的目的。在计算的时候，先找出算法的基本操作，然后根据相应的各语句确定它的执行次数，再找出 $T(n)$ 的同数量级（它的同数量级通常有 1、$\log_2 n$、n、$n\log_2 n$、n^2、n^3、2^n、$n!$、n^n 等），找出后，令 $f(n) =$ 该数量级，若 $T(n)/f(n)$ 求极限可得到一常数 c，则时间复杂度 $T(n) = O(f(n))$。

4. 算法的空间复杂度

一个算法的空间复杂度是指运行完一个算法所需的存储空间，利用算法的空间复杂度可对程序运行所需要的内存进行估计。一个程序执行时除了需要存储本身所使用的指令、常数、变量和输入数据外，还需要一些对数据进行操作的工作单元和存储现实计算所需信息的辅助空间。程序执行时所需的存储空间包括以下两部分：

1）固定部分。这部分空间的大小与所处理数据的大小和个数无关，主要包括程序

代码、常量、简单变量等所占的空间。

2）可变部分。这部分空间与程序执行中所处理的特定数据的大小和规模有关，如 100 个数据元素和 100 个数据元素的排序所需的存储空间是不相同的。

类似于算法的时间复杂度，算法的空间复杂度记为

$$S(n) = O(f(n))$$

5. 算法的描述

从上面的分析可知，算法是描述某一问题求解的有限步骤，而且必须有结果输出。设计一个算法或描述一个算法，最终是由程序设计语言来实现的。但是，算法与程序有区别，算法是考虑实现某一个问题求解的方法与步骤，是解决问题的框架流程，而程序是根据这一求解的框架进行语言细化，是实现这一问题的具体过程。

算法可以使用流程图、自然语言、伪代码等多种不同的方法来描述。

（1）流程图

流程图是指用一些图框来表示各种类型的操作，用流线表示这些操作的执行顺序。用流程图描述算法直观、易懂，但对于比较复杂的算法显得不够方便。

（2）自然语言

自然语言即人们日常进行交流的语言，如英语、汉语。用自然语言来描述算法通俗易懂，便于用户之间的交流。但是，自然语言表示的含义不够准确，容易产生二义性。

（3）伪代码

伪代码介于自然语言与程序设计语言之间，它以程序设计语言的书写形式来描述算法。伪代码虽不能直接在计算机上运行，但便于算法实现。

6. 常用算法介绍

（1）枚举法

枚举法的基本思想是根据提出的问题，列举所有可能的情况，并用问题中提出的条件检验哪些是需要的，哪些是不需要的。枚举法的特点是算法比较简单，但当列举的可能情况较多时，执行列举算法的工作量会很大。因此，在用枚举法设计算法时，应该重点注意方案优化，尽量减少运算工作量。

（2）归纳法

归纳法的基本思想是通过列举少量的特殊情况，经过分析，最后找出一般关系。归纳是一种抽象，即从特殊现象中找出一般关系。由于在归纳的过程中不可能对所有的可能情况进行列举，因而最后得到的结论只是一种归纳假设，对于归纳假设还必须加以严格的证明。

（3）递推法

递推法是指从已知的初始条件出发，逐次推出所要求的各中间结果及最后结果。其中，初始条件或问题本身已给定，或可以通过对问题的分析与化简确定。

（4）递归法

递归法是指人们在解决复杂问题的时候，为了降低问题的复杂度，常常将问题逐层

分解，把问题转化为规模较小的同类问题的子问题，直到子问题能够简单求解为止，再从子问题开始逆序求解原问题。

（5）贪心算法

贪心算法也称贪婪算法，它在对问题进行求解时，总是做出在当前看来最好的选择。也就是说，它不从整体最优上加以考虑，所得的解一般只是在某种意义上的局部最优解。虽然如此，但是贪心算法在许多问题上能够产生整体最优解或整体最优解的近似解。贪心算法可以解决图的最小生成树、哈夫曼编码等一些最优化问题。一旦一个问题可以通过贪心算法来解决，那么贪心算法一般是解决这个问题的最好方法。

贪心算法的基本思路如下：

1）建立数学模型来描述问题。

2）把求解的问题分成若干个子问题。

3）对每一子问题求解，得到子问题的局部最优解。

4）把子问题的局部最优解合成原问题的一个解。

（6）分治算法

分治算法是把一个复杂的问题分解为若干个与原问题相同或相似的规模较小的子问题，再把子问题分成更小的子问题，直到最后可以简单地直接求解，并通过合并子问题的解得到原问题的解。分治算法的要点是子问题与原问题结构相同，因此子问题也同样可以利用分治策略进行求解。

分治算法的基本思路如下：

1）分解，将要解决的问题划分成若干规模较小的同类问题。

2）求解，当子问题划分得足够小时，用较简单的方法解决。

3）合并，按原问题的要求，将子问题的解逐层合并构成原问题的解。

（7）动态规划算法

动态规划算法与分治算法类似，其基本思想也是将待求解问题分解成若干个子问题，先求解子问题，然后从这些子问题的解得到原问题的解。与分治算法不同的是，动态规划算法适合于用动态规划方法求解的问题，经分解得到的子问题往往不是互相独立的。若用分治算法来解这类问题，则分解得到的子问题数目太多，有些子问题被重复计算了很多次。动态规划算法正是利用了这种子问题的重叠性质，每一个子问题只计算一次，然后将其计算结果保存在一个表格中，当再次需要计算已经计算过的子问题时，只需在表格中简单地查看一下结果，从而获得较高的效率。适用动态规划算法的问题必须满足最优化原理和无后效性。

（8）回溯算法

回溯算法是一种选优搜索法，按选优条件向前搜索，以达到目标。但当探索到某一步时，发现原先的选择并不优或达不到目标，就退回一步重新选择，这种走不通就退回再走的方法称为回溯算法，而满足回溯条件的某个状态的点称为回溯点。

回溯算法解决问题的过程是先选择某一可能的线索进行试探，每一步试探都有多种方式，将每一种方式一一试探，如有问题就返回纠正，反复进行这种试探再返回纠正，直到得出全部符合条件的答案或问题无解为止。回溯算法的本质是用深度优先的方法在解的空间树中搜索，因此算法中需要用堆栈来保存搜索路径。

1.1.2 程序的概念

1. 程序的定义

程序是用计算机语言描述的某一问题的解决步骤，是符合一定语法规则的指令（语句）序列。通过在计算机上运行程序，向计算机发出一系列指令，便可使计算机按人的要求解决特定的问题。

为解决某一问题所编写的程序并不是唯一的，不同的程序设计人员所设计的程序也不完全相同。不同的程序有不同的效率，这涉及程序设计语言、程序的优化、程序所采用的数据结构及算法等多方面的因素。

一个程序应该包括以下两方面：

1）对数据的描述。在程序中要指定数据的类型和数据的组织形式，即数据结构。

2）对操作的描述。对操作的描述即操作步骤，也就是算法。

2. 程序设计语言

用来书写计算机程序的语言称为程序设计语言。程序设计语言可以分为低级语言和高级语言，其中低级语言又分为机器语言和汇编语言。

（1）机器语言

机器语言是指直接用二进制指令表达的计算机语言，指令是用 0 和 1 组成的。不同的计算机具有不同的机器语言。用机器语言编写的程序，计算机可以直接执行，其执行效率高。但机器语言的指令不直观，难认、难记、难理解且烦琐，容易出错。编写机器语言程序时，要求程序员必须相当熟悉计算机的结构，因此很少直接用机器语言编写程序。

（2）汇编语言

为了减轻使用机器语言编程的负担，人们采用一些助记符来表示机器语言中的机器指令，这样便形成了汇编语言，汇编语言也称为符号语言。助记符一般是代表某种操作的英文字母的缩写。与机器语言相比，汇编语言便于识别和记忆。汇编语言通常是为特定的计算机或系列计算机而设计的，不同的机器具有不同的汇编语言，因此，它也是面向机器的语言。使用汇编语言编写的程序能较好地发挥机器的特性，但是编写程序时仍需要对计算机的内部结构比较熟悉，汇编语言依然烦琐、复杂。

使用汇编语言编写的源程序，机器不能直接执行，需要由一种程序将汇编语言翻译成机器语言，这种起翻译作用的程序称为汇编程序，汇编程序是系统软件中的语言处理系统软件。汇编程序把汇编语言翻译成机器语言的过程称为汇编。

（3）高级语言

机器语言和汇编语言都是面向机器的语言，它们同属于低级语言。在使用它们设计程序时，要求对机器比较熟悉。为了克服低级语言的缺点，人们将程序设计的精力集中到解决问题的算法上，便出现了面向算法过程的程序设计语言，称为算法语言，也称为高级语言。高级语言接近自然语言的形式，可以方便地表示数据的运算和程序的控制结构，能更好地描述各种算法，易学易懂。因此，使用高级语言可以大大降低编程的难度，提高编程的效率与质量。

高级语言不依赖于机器，为某种类型的计算机编写的高级语言程序，可以很方便地移植到其他类型的计算机上运行，但其执行的速度相对较慢。使用高级语言编写的源程序，机器同样不能直接执行。如同汇编语言一样，用高级语言编写的程序必须经过翻译，才能由计算机执行。

1.2 数 据 结 构

数据结构是相互之间存在一种或多种关系的数据元素的集合。

1.2.1 数据结构的基本概念

1. 数据

数据是描述客观事物的符号表示，是能够输入计算机并且能被计算机程序处理的符号的总称，包括数值、字符、图形、图像、声音等内容。

2. 数据元素

数据元素是组成数据的基本单位，是数据集合中的个体。数据元素用于完整地描述一个对象，如一个学生的信息，包括学号、姓名、性别、院系、专业，这些信息合在一起才能描述这个学生，那么这些信息的整体就是一个数据元素。

3. 数据项

数据项是组成数据的、有独立含义的、不可分割的最小单位，如学生信息中的学号就是一个数据项。

4. 数据对象

数据对象是性质相同的数据元素的集合，是数据的一个子集。例如，整数对象的集合是 $N = \{0,\pm1,\pm2,\cdots\}$，英文大写字母数据对象的集合是 $C = \{A,B,C,\cdots,Z\}$。

5. 数据类型

数据类型是和数据结构密切相关的一个概念，在使用高级程序语言编写的程序中，每个变量、常量或表达式都有确定的数据类型。类型明显或隐含地规定了在程序执行期间变量或表达式所有可能的取值范围，以及在这些值上允许进行的操作。

1.2.2 数据的基本结构

数据结构就是符合某种结构的数据元素的集合，"结构"就是指数据元素之间的关系。数据结构包括逻辑结构和物理结构，这两种结构互相独立。

1. 逻辑结构

数据的逻辑结构只抽象地反映数据元素之间的逻辑关系，而不考虑其在计算机中的存储方式。数据的逻辑结构可以看作从具体问题抽象出来的数学模型。

根据数据元素之间关系的不同特性，逻辑结构一般分为 4 种基本结构，如图 1.1 所示。

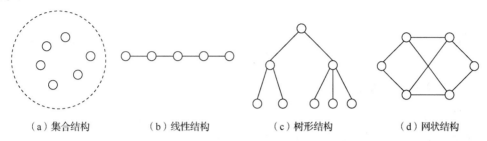

（a）集合结构　　　　　（b）线性结构　　　　　（c）树形结构　　　　　（d）网状结构

图 1.1　4 种基本数据结构

1）集合结构：结构中的元素除了"同属于一个集合"的关系之外，别无其他关系。

2）线性结构：结构中的数据元素之间存在一对一的关系。

3）树形结构：结构中的数据元素存在一对多的关系。

4）网状结构：结构中的数据元素存在多对多的关系。

其中，集合结构、树形结构、网状结构属于非线性结构。

2. 存储结构

数据的存储结构是指数据的逻辑结构在计算机中的存储形式，也称为数据的物理结构。同一种数据结构可以使用不同的存储结构。

实现数据元素的逻辑结构到计算机存储器的映像有多种不同的方式，常用的两种存储结构为顺序存储结构和链式存储结构。

（1）顺序存储结构

顺序存储结构是借助元素在存储器中的相对位置来表示元素之间的逻辑关系，即逻辑结构上相邻的数据元素在物理位置上也相邻。顺序存储结构的主要特点是只存储数据元素，存储空间利用率高，可以通过计算直接确定数据结构中的存储地址，常用于线性结构，但插入、删除操作会引起其他数据元素的移动。

（2）链式存储结构

链式存储结构不要求逻辑上相邻的数据元素存储在相邻的物理位置上，数据元素之间的逻辑关系使用附加的指针字段表示。链式存储结构的主要特点是除存储数据元素之外还要存储指针，存储密度小于顺序存储结构，存储空间利用率低，可用于线性表、树、图等多种逻辑结构的存储表示，插入、删除操作灵活方便，不必移动结点，只要改变结点中的指针值即可。

3. 数据元素的运算

数据元素的运算是定义在数据元素的逻辑结构上的，但运算的具体实现要在存储结构上进行。数据元素的不同逻辑结构具有不同的运算集，通常情况下这些运算为非数值运算，如检索、插入、删除、更新、排序等。

1.3 线 性 表

线性表是最简单、最常用的一种数据结构，它逻辑结构简单，便于实现和操作。因此，这种数据结构在实际应用中被广泛采用。

1.3.1 线性表的基本概念

线性表的逻辑结构是 n（$n \geq 0$）个数据元素的有限序列，其中 $n = 0$ 时称为空表。对于非空的线性表结构，其特点如下：

1）存在唯一的被称作"第一个"的数据元素。
2）存在唯一的被称作"最后一个"的数据元素。
3）除第一个数据元素之外，集合中的每个数据元素均只有一个前驱。
4）除最后一个数据元素之外，集合中的每个数据元素均只有一个后继。
线性表的表示形式如下：

$$L = (k_1, k_2, \cdots, k_i, k_{i+1}, \cdots, k_n)$$

其中，L 是表名；k_1 是第一个数据元素，称为起始结点；k_n 是最后一个数据元素，称为终端结点。对于任意相邻元素（k_i, k_{i+1}），称 k_i 是 k_{i+1} 的前驱，k_{i+1} 是 k_i 的后继。起始结点 k_1 没有前驱，终端结点 k_n 没有后继，其他结点仅有一个前驱和一个后继。

例如，英文字母表 (A, B, …, Z) 是线性表，表中的每个字母是一个数据元素（结点）；m 个学生排成一列，就组成了一个线性表，每个学生是一个数据元素。

1.3.2 线性表的存储结构

线性表可以使用顺序存储结构和链式存储结构进行存储，按照顺序存储结构保存的称为顺序表，按照链式存储结构保存的称为线性链表。

1. 顺序表

（1）顺序表的存储结构

顺序表的存储结构是用一组地址连续的存储单元一次存储表中的数据元素，如图 1.2 所示。

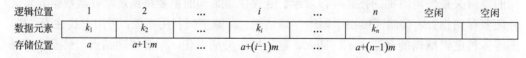

逻辑位置	1	2	…	i	…	n	空闲	空闲
数据元素	k_1	k_2	…	k_i	…	k_n		
存储位置	a	$a+1 \cdot m$	…	$a+(i-1)m$	…	$a+(n-1)m$		

图 1.2 顺序表的存储结构示意图

假设顺序表的起始结点的存储地址为 a，每个元素需占用 m 个存储单元，则顺序表中的第 $i+1$ 个数据元素的存储位置 $\mathrm{LOC}(k_{i+1})$ 和第 i 个数据元素的存储位置 $\mathrm{LOC}(k_i)$ 之间满足下列关系：

$$\mathrm{LOC}(k_{i+1}) = \mathrm{LOC}(k_i) + m$$

一般来说，顺序表的第 i 个数据元素 k_i 的存储位置为

$$\text{LOC}(k_i)= \text{LOC}(k_1)+(i-1)m$$

式中，$\text{LOC}(k_1)$ 为第一个数据元素 k_1 的存储位置，通常称作顺序表的起始位置或基地址。由此，只要确定顺序表的起始位置，顺序表中的任意数据元素都可随机存取，所以顺序表支持随机存取。

（2）顺序表的基本运算

顺序表的常用运算分为 4 类，每类包含若干种运算。本书仅讨论插入运算和删除运算。

1）顺序表的插入运算是指在表的第 i 个位置上插入一个新结点 b，使长度为 n 的顺序表 $(k_1,k_2,\cdots,k_i,k_{i+1},\cdots,k_n)$ 变成长度为 $n+1$ 的顺序表 $(k_1,k_2,\cdots,k_i,b,k_{i+1},\cdots,k_n)$。

例如，图 1.3 所示为一个顺序表在进行插入运算前后，其数据元素在存储空间中的位置变化。为了在顺序表的第 4 个和第 5 个元素之间插入一个值为 16 的数据元素，则需先将第 5～8 个数据元素依次向后移动一个位置。

该算法的时间主要花费在结点后移的循环语句上，执行次数是 $n-i+1$。当 $i=n+1$ 时，是最好的情况，时间复杂度为 $O(1)$；当 $i=1$ 时，是最坏的情况，时间复杂度为 $O(n)$，算法的平均时间复杂度为 $O(n)$。

2）顺序表的删除运算是指在表的第 i 个位置上删除一个结点 a_i，使长度为 n 的顺序表 $(a_1,\cdots,a_{i-1},a_i,a_{i+1},\cdots,a_n)$ 变成长度为 $n-1$ 的顺序表 $(a_1,\cdots,a_{i-1},a_{i+1},\cdots,a_n)$。

如图 1.4 所示，为了删除第 4 个元素，必须将第 5～8 个元素都依次向前移动一个位置。

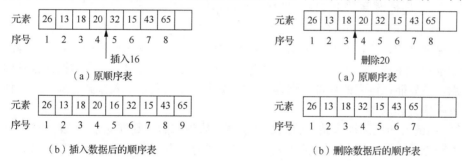

图 1.3　顺序表插入数据前后情况　　图 1.4　顺序表删除数据前后情况

当 $i=n$ 时，时间复杂度为 $O(1)$；当 $i=1$ 时，时间复杂度为 $O(n)$，算法的平均时间复杂度为 $O(n)$。

在顺序表中插入或删除一个数据元素，平均需要移动表中一半的元素。若表长为 n，则上述两种运算的算法时间复杂度均为 $O(n)$。

2．线性链表

（1）线性链表的基本概念

线性链表是通过一组任意的存储单元来存储表中数据元素的，那么怎样表示出数据元素之间的线性关系呢？为建立数据元素之间的线性关系，对于每个数据元素 k_i，除了存放数据元素自身的信息 k_i 之外，还需要存放其后继 k_{i+1} 所在的存储单元的地址，这两部分信息组成一个结点。存放数据元素信息的存储单元称为数据域，存放其后继地址的存储单元称为指针域，结点的结构如图 1.5 所示。因此，含有 n 个元素的线性表通过每个结点的指针域连成了一个"链"，称为链表。因为每个结点只有一个指向后继的指针，所以称其为单链表。

作为线性表的一种存储结构，我们关心的是结点间的逻辑结构，而对每个结点的实际地址并不关心，所以单链表通常用图 1.6 所示的形式表示。在单链表的第一个结点之前附设一个结点，称为头结点，它指向表中的第一个结点。头结点的数据域可以不存储任何信息，也可存储如线性表的长度等附加信息。头结点的指针域存储指向第一个结点的指针（即第一个元素结点的存储位置）。

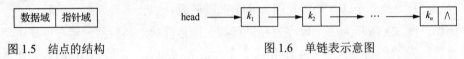

图 1.5　结点的结构　　　　　　　　　图 1.6　单链表示意图

💾 **注意：**

头结点的加入完全是为了运算的方便，它的数据域无定义，指针域中存放第一个数据结点的地址，空链表时指针域为空。

在单链表中，取得一个数据元素必须从头指针出发寻找，因此，单链表是非随机存取的存储结构。

（2）线性链表的基本运算

1）建立线性链表。线性链表的建立分以下两种情形：

① 在链表的头部插入结点建立线性链表。线性链表与顺序表不同，它是一种动态管理的存储结构，链表中的每个结点占用的存储空间不是预先分配的，而是运行时系统根据需求自动生成的。因此，建立线性链表从空表开始，每读入一个数据元素则申请一个结点，然后插在链表的头部，因为是在链表的头部插入，读入数据的顺序和线性表中的逻辑顺序是相反的。

② 在链表的尾部插入结点建立线性链表。从头部插入数据元素建立线性链表简单，但读入数据元素的顺序与生成的链表中元素的顺序是相反的，若希望次序一致，则用尾部插入的方法。因为每次将新结点插入链表的尾部，所以需加入一个指针 r 用来始终指向链表的尾结点，以便能够将新结点插入链表的尾部。

2）插入运算。要在结点 p 后插入新结点 s，首先将新结点 s 指向结点 p 的后继，然后将结点 p 指向结点 s，使结点 s 变为结点 p 的后继，如图 1.7 所示。

3）删除运算。要删除结点 q，只需将结点 q 的前驱 p 指向结点 q 的后继 s，就完成了删除结点 q 的操作。此时，结点 q 并没有真正消失，但是链表中没有任何元素指向元素 q，元素 q 就不再是链表中的结点，如图 1.8 所示。

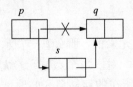
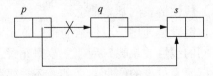

图 1.7　链表插入元素　　　　　　　　图 1.8　链表删除元素

通过上述基本操作可知,在线性链表中插入、删除一个结点,必须知道其前驱结点;线性链表不具有按序号随机访问的特点,只能从头指针开始一个个地顺序进行。

3. 循环链表

循环链表的特点是表中最后一个结点的指针域指向头结点,整个链表形成一个环,如图 1.9 所示。因此,从表中任意结点出发均可找到表中的其他结点。

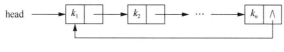

图 1.9　单循环链表

1.4　栈 与 队 列

栈与队列是软件设计中常用的两种数据结构,它们的逻辑结构和线性表相同。栈按"后进先出"的规则进行操作,队列按"先进先出"的规则进行操作,故称其为运算受限的线性表。

1.4.1　栈

1. 栈的定义及基本运算

栈是限制在表的一端进行插入和删除的线性表。允许插入、删除的这一端称为栈顶,另一个固定端称为栈底。当表中没有元素时称为空栈。如图 1.10 所示,进栈的顺序是 a_1,a_2,$\cdots$,a_n,当需要出栈时其顺序为 a_n,$\cdots$,a_2,a_1,所以栈又称为后进先出(last in first out,LIFO)的线性表。

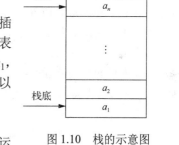

图 1.10　栈的示意图

栈的基本运算有 3 种:入栈、出栈与读栈顶元素。

1)入栈运算是指在栈顶位置插入一个新元素。入栈运算首先判断栈空间是否已满,如果已满则报错,否则将栈顶指针加 1,然后将新元素插入栈顶指针指向的位置。

2)出栈运算是指删除栈顶元素。出栈运算首先判断栈空间是否为空,如果为空则报错,否则将栈顶元素保存,栈顶指针减 1。

3)读栈顶元素是获取栈顶元素,并改变指针位置。

2. 栈的存储结构与运算实现

栈是运算受限的线性表,因此线性表的存储结构对栈也是适用的,只是操作不同而已。

1)利用顺序存储方式实现的栈称为顺序栈,如图 1.11 所示。类似于顺序表的定义,栈中的数据元素用一个预设的足够连续的存储空间实现,栈底位置可以设置在连续存储空间的任一个端点,而栈顶是随着插入和删除而变化的,通常用 top 作为栈顶的指针,指明当前栈顶的位置。通常将 0 下标端设为栈底,这样空栈时栈顶指针 top=-1;入栈时,栈顶指针加 1;出栈时,栈顶指针减 1,当 top=max 时,表示栈已满,不能继续进行入栈运算。

2）用链式存储结构实现的栈称为链栈，如图 1.12 所示。通常链栈用线性链表表示，因此其结点结构与线性链表的结构相同。因为栈中的主要运算是在栈顶插入、删除，显然将链表的头部作为栈顶是最方便的，而且没有必要像线性链表那样为了运算方便附加一个头结点。

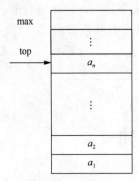

图 1.11　顺序栈示意图

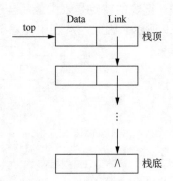

图 1.12　链栈示意图

1.4.2　队列

1. 队列的定义及基本运算

前面所讲的栈是一种后进先出的数据结构，而在实际问题中还经常使用一种先进先出（first in first out，FIFO）的数据结构，即插入在表的一端进行，而删除在表的另一端进行。我们将这种数据结构称为队或队列，把允许插入的一端称为队尾，把允许删除的一端称为队头。图 1.13 所示为一个有 n 个元素的队列。入队的顺序依次为 a_1，a_2，$\cdots$，a_n，出队时的顺序将依然是 a_1，a_2，$\cdots$，a_n。

图 1.13　队列示意图

显然，队列也是一种运算受限的线性表，又叫先进先出表。

在日常生活中队列的例子很多，如排队购物，队头的买完离开，新来的排在队尾。在队列上进行的基本运算有两种：入队和出队。

入队运算是指在队尾插入一个新元素。入队运算首先判断队列是否已满，如果已满则报错，否则将新元素插入队尾，队尾指针加 1。

出队运算是指将队头元素删除。出队运算首先判断队列是否为空，如果为空则报错，否则将队头元素保存，队头指针加 1。

2. 队列的存储结构与运算实现

与线性表、栈类似，队列也有顺序存储和链式存储两种存储方法。

1）队列的顺序存储。顺序存储的队列称为顺序队列。因为队列的队头和队尾都是活动的，因此，除了队列的数据区外还有队头（front）、队尾（rear）两个指针。设队头指针指向队头元素前面的一个位置，队尾指针指向队尾元素。空队列的队头和队尾指针均为 0。队列中元素的个数 m=rear-front，假设分配给队列的存储空间最多只能存储 MAXSIZE 个元素，队列满时 m=MAXSIZE，队列空时 m=0。按照上述思想建立的空队列及入队、出队示意图如图 1.14 所示，设 MAXSIZE=10。

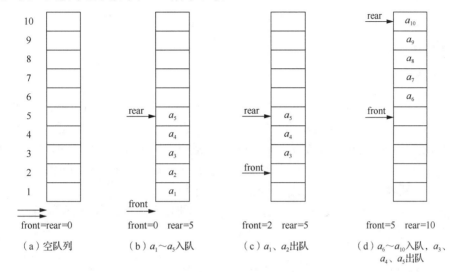

图 1.14　队列运算示意图

从图 1.14 中可以看到，随着入队、出队的进行，队列整体向后移动，这样就出现了图 1.14（d）所示的现象。队尾指针已经移到最后，再有元素入队就会溢出，而事实上此时队列并未真正"满员"，这种现象称为假溢出。这是由"队尾入，队头出"这种受限制的操作所造成的。解决假溢出的方法之一是，将队列的数据区假设为头尾相接的循环结构，头尾指针的关系不变，将其称为循环队列。这种方式只是假设结构，并未改变真正的存储结构。循环队列的示意图如图 1.15 所示。

因为是头尾相接的循环结构，入队时的队尾指针加 1 操作修改为 rear=(rear+1) mod MAXSIZE。出队时的队头指针加 1 操作修改为 front=(front+1) mod MAXSIZE。

2）队列的链式存储。链式存储的队列称为链队列。对于数据元素数量不确定的情况，采用链式存储结构比较方便。对于链队列，同样使用队头（front）指针指向队头，队尾（rear）指针指向队尾，如图 1.16 所示。

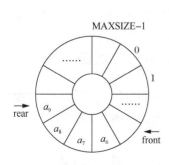

图 1.15　循环队列的示意图

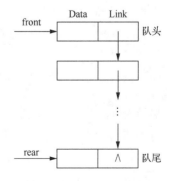

图 1.16　链队列示意图

1.5 树与二叉树

树是一种典型的非线性结构，其中二叉树是树形结构的典型应用。

1.5.1 树的相关概念

1. 树的定义

树是 n（$n \geq 0$）个有限数据元素的集合。当 $n=0$ 时，称这棵树为空树。在一棵非空树 T 中，有一个特殊的数据元素称为树的根结点，根结点没有前驱结点。若 $n>1$，除根结点之外的其余数据元素被分成 m（$m>0$）个互不相交的集合 T_1，T_2，…，T_m，其中每一个集合 T_i（$1 \leq i \leq m$）本身又是一棵树。树 T_1，T_2，…，T_m 称为根结点的子树。

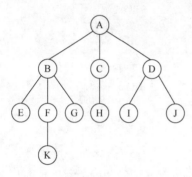

图 1.17 树

从树的定义和图 1.17 所示的示例中可以看出，树具有下面两个特点：

1）树的根结点没有前驱结点，除根结点之外的所有结点有且只有一个前驱结点。

2）树中所有结点可以有零个或多个后继结点。

2. 树的相关术语

1）结点的度：结点所拥有的后继结点的个数称为该结点的度。例如，结点 A 的度为 3，结点 C 的度为 1。

2）子结点：某结点的后继称为该结点的子结点。例如，结点 B、C、D 是结点 A 的子结点，结点 I、J 是结点 D 的子结点。

3）双亲结点：某结点的前驱称为该结点的双亲结点。例如，结点 A 是结点 B、C、D 的双亲结点，结点 C 是结点 H 的双亲结点。

4）根结点：没有双亲结点的结点称为根结点。非空树有且仅有一个根结点。例如，结点 A 是根结点。

5）叶子结点：度为 0 的结点称为叶子结点，也称终端结点。例如，结点 E、K、G、H、I、J 是叶子结点。

6）树的度：树中各结点度的最大值称为树的度。例如，图 1.17 中树的度为 3。

7）层次：结点的层次从根结点开始定义，根结点为第一层，根结点的子结点为第二层，以此类推。例如，结点 A 是第一层结点，结点 B、C、D 是第二层结点，结点 K 是第四层结点。

8）树的深度：树中结点的最大层次称为树的深度。例如，图 1.17 中树的深度为 4。

9）有序树与无序树：如果树中结点的各子树是有次序的，则称该树为有序树，否则称为无序树。

10）森林：m（$m \geq 0$）棵互不相交的树的集合称为森林。树中的任意结点的子树也不相交，子树的集合也为森林。对于非空树，可以看成由根结点和其子树森林组成。

1.5.2　二叉树及其基本性质

1. 二叉树的定义

二叉树是个有限元素的集合，若该集合为空，则称为空二叉树；若集合不为空，则该树由一个称为根的元素及两棵不相交的，并且有序的子树组成（图 1.18），这两棵子树分别称为左子树和右子树。

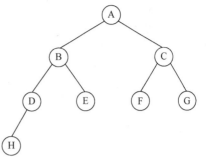

图 1.18　二叉树

2. 二叉树的相关概念

在二叉树中，树的相关概念仍然适用，此外还增加了以下一些概念：

1）满二叉树：若二叉树中所有分支结点的度都为 2，且叶子结点都在同一个层次上，则称为满二叉树。

2）完全二叉树：若二叉树中至多只有最下面的两层次的结点度小于 2，并且最下层结点都集中在该层次的最左边，则称为完全二叉树。

3. 二叉树的主要性质

1）一棵非空二叉树的第 i 层上最多有 2^{i-1} 个结点（$i \geqslant 1$）。

2）一棵深度为 k 的二叉树中，最多有 $2^k - 1$ 个结点。

3）一棵非空二叉树，如果叶子结点数为 n_0，度为 2 的结点数为 n_2，则有 $n_0 = n_2 + 1$。

4）具有 n 个结点的完全二叉树的深度 k 为 $\lfloor \log_2 n \rfloor + 1$。其中，符号"$\lfloor \ \rfloor$"表示向下取整，即取不大于符号内数字的最大整数。

5）若对具有 n 个结点的完全二叉树按层次从上到下，每层从左到右对所有结点编号，则结点 i 具有以下性质。

① 若 $i > 1$，则结点 i 的双亲结点序号为 $i/2$；当 $i = 1$ 时，结点 i 为根结点，无双亲结点。

② 若 $2i \leqslant n$，则结点 i 的左子结点的序号为 $2i$；若 $2i > n$，则结点 i 无左子结点。

③ 若 $2i + 1 \leqslant n$，则结点 i 的右子结点的序号为 $2i + 1$；若 $2i + 1 > n$，则结点 i 无右子结点。

1.5.3　二叉树的遍历

二叉树的遍历是指按照某种顺序访问二叉树中的每个结点，使每个结点被访问且仅被访问一次。一般按照先左后右的顺序访问。

如果限定先左后右，并设 T、L、R 分别表示访问根结点、遍历根结点的左子树、遍历根结点的右子树，则二叉树的遍历方式有前序遍历 TLR、中序遍历 LTR 和后序遍历 LRT 3 种。

对于非空二叉树，各种遍历方式的遍历过程如下。

（1）前序遍历

1）访问根结点。

2）前序遍历根结点的左子树。

3）前序遍历根结点的右子树。

在遍历左、右子树时仍采用前序遍历方法，对于图 1.19 所示的二叉树，前序遍历为 A B D C E G H F I。

（2）中序遍历

1）中序遍历根结点的左子树。

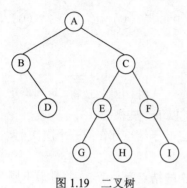

图 1.19 二叉树

2）访问根结点。

3）中序遍历根结点的右子树。

在遍历左、右子树时仍采用中序遍历方法，对于图 1.19 所示的二叉树，中序遍历为 B D A G E H C F I。

（3）后序遍历

1）后序遍历根结点的左子树。

2）后序遍历根结点的右子树。

3）访问根结点。

在遍历左、右子树时仍采用后序遍历方法，对于图 1.19 所示的二叉树，后序遍历为 D B G H E I F C A。

1.6　查找与排序

查找与排序是计算机程序设计中两种基本的操作。

1.6.1　查找

查找是指在一个给定的数据结构中查找某个指定的元素。查找是数据处理领域中的重要内容，查找的效率直接影响数据处理的效率。下面介绍两种常见的查找方法：顺序查找和二分法查找。

1. 顺序查找

顺序查找又称线性查找，是最基本的查找方法。其查找方法为从表的一端开始，向另一端逐个按给定值与表中的值进行比较。若找到，则查找成功，并给出数据元素在表中的位置；若整个表查找完毕，仍未找到与给定值相同的值，则查找失败，给出查找失败信息。

顺序查找的缺点是当表的长度 n 很大时，平均查找长度较大，效率低；优点是对表中数据元素的存储结构没有要求。另外，对于链式存储结构和无序表只能进行顺序查找。

2. 二分法查找

二分法查找又叫折半查找，待查找的表必须是顺序存储的有序表。

设有序表的长度为 n，被查元素为 x，二分法查找的基本步骤如下：

1）将被查元素 x 与有序表的中间元素进行比较。

2）若被查元素 x 与中间元素的值相等，则查找成功。

3）若被查元素 x 小于中间元素的值，则在中间元素的左半区继续查找。

4）若被查元素 x 大于中间元素的值，则在中间元素的右半区继续查找。

5）不断重复上述查找过程，直到查找成功，或所查找的区域无数据元素，查找失败。

二分法查找的效率比顺序查找的效率高得多，可以证明，对于长度为 n 的有序表，在最差的情况下，二分法查找需要比较 $\lfloor \log_2 n \rfloor + 1$ 次，顺序查找需要比较 n 次。

例如，有序表如下：

$$12，16，21，23，28，35，37，39，42，45，48$$

在表中使用二分法查找数据元素 23 的操作过程如图 1.20 所示。

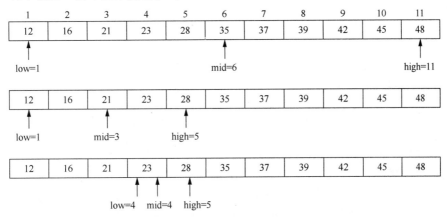

图 1.20　使用二分法查找数据元素 23 的操作过程

1.6.2　排序

排序是计算机程序设计中的一种重要操作，其功能是将一个数据元素集合或序列按数据元素某一项重新排序。下面主要介绍插入类排序、选择类排序和交换类排序的基本方法。

1. 直接插入排序

插入类排序的基本思想是把一个数据元素插入一个有序的表中，插入后必须保持表仍然有序。设有一个包含 n 个元素（$R_1, R_2, \cdots, R_n$）的表，设想有一个子表，它是由源表中的第一个元素 R_1 构成的。显然，这个子表是有序的。随后，把源表中的第二个元素 R_2 插入这个有序的子表中。为了使插入后得到的子表依然是有序的，R_2 必须插在子表中的适当位置上。接着把 R_3 插入包含 R_1 和 R_2 两个元素的子表的适当位置上。同样，必须保持插入得到的新表仍是有序的。照此继续，把第 i 个元素 R_i 插入包含 i-1 个元素的有序子表的适当位置上，使插入后的子表是有序的。经过 n-1 次插入后，一个具有 n 个元素的无序表就变成了有序表，从而完成排序过程，如图 1.21 所示。其中，括号内的数字是已经排好序的部分。直接插入排序的时间复杂度为 $O(n^2)$。

2. 简单选择排序

选择类排序首先找出值最小的元素，把这个元素与表中第一个位置上的元素交换，然后找到剩余元素中最小的元素，放在第二个位置。以此类推，直到所有的元素都处在它应占据的位置上，便得到了有序表。图 1.22 所示是简单选择排序的一个示例。简单选择排序的时间复杂度为 $O(n^2)$。

2	1	3	7	5	4	8	
(2)	1	3	7	5	4	8	
(1	2)	3	7	5	4	8	
(1	2	3)	7	5	4	8	
(1	2	3	7)	5	4	8	
(1	2	3	5	7)	4	8	
(1	2	3	4	5	7)	8	
(1	2	3	4	5	7	8)	

2	1	3	7	5	4	8	
(1)	2	3	7	5	4	8	
(1	2)	3	7	5	4	8	
(1	2	3)	7	5	4	8	
(1	2	3	4)	5	7	8	
(1	2	3	4	5)	7	8	
(1	2	3	4	5	7)	8	
(1	2	3	4	5	7	8)	

图 1.21 直接插入排序   图 1.22 简单选择排序的一个示例

3. 冒泡排序

冒泡排序的基本思想是比较两个相邻元素的值，若与排序要求相逆，则交换两个元素的位置，比较所有元素后，最大元素被放在最后一个位置上，反复比较、交换过程，依次将未排序的最大元素放在相应位置。冒泡排序的时间复杂度为 $O(n^2)$。

使用冒泡排序方法对含有 n 个元素的表进行排序时，第一轮冒泡（相邻元素与排序要求相逆则交换）得到一个值最大的元素；对剩下的 $n-1$ 个元素，第二轮冒泡再得到一个值最大的元素……如此重复，直到 n 个元素按值有序排列。图 1.23 所示是冒泡排序的示例。

第 1 次比较	5	4	3	9	8	7	2	1	0	6
交换	4	5	3	9	8	7	2	1	0	6
第 2 次比较	4	5	3	9	8	7	2	1	0	6
交换	4	3	5	9	8	7	2	1	0	6
第 3 次比较	4	3	5	9	8	7	2	1	0	6
交换	4	3	5	9	8	7	2	1	0	6
第 4 次比较	4	3	5	9	8	7	2	1	0	6
交换	4	3	5	8	9	7	2	1	0	6
第 5 次比较	4	3	5	8	9	7	2	1	0	6
交换	4	3	5	8	7	9	2	1	0	6
第 6 次比较	4	3	5	8	7	9	2	1	0	6
交换	4	3	5	8	7	2	9	1	0	6
第 7 次比较	4	3	5	8	7	2	9	1	0	6
交换	4	3	5	8	7	2	1	9	0	6
第 8 次比较	4	3	5	8	7	2	1	9	0	6
交换	4	3	5	8	7	2	1	0	9	6
第 9 次比较	4	3	5	8	7	2	1	0	9	6
交换	4	3	5	8	7	2	1	0	6	9

初始值	5	4	3	9	8	7	2	1	0	6
第一轮	4	3	5	8	7	2	1	0	6	9
第二轮	3	4	5	7	2	1	0	6	8	9
第三轮	3	4	5	2	1	0	6	7	8	9
第四轮	3	4	2	1	0	5	6	7	8	9
第五轮	3	2	1	0	4	5	6	7	8	9
第六轮	2	1	0	3	4	5	6	7	8	9
第七轮	1	0	2	3	4	5	6	7	8	9
第八轮	0	1	2	3	4	5	6	7	8	9
第九轮	0	1	2	3	4	5	6	7	8	9

图 1.23 冒泡排序的示例

4. 快速排序

快速排序以某个元素为界（该元素称为支点），将待排序列分成两部分来进行排序。其中，一部分所有元素的值大于等于支点元素的值，另一部分所有元素的值小于支点元素的值。将待排序列按值以支点记录分成两部分的过程，称为一次划分。对各部分不断划分，直到整个序列有序。快速排序的时间复杂度为 $O(n\log_2 n)$。

第 2 章 程序设计基础

一个好的程序在运行结果正确的基本前提下，首先要有良好的结构，使程序清晰易懂，其次才是效率。因此，程序设计方法非常重要。

2.1 程序设计方法与风格

程序设计是指设计、编制、调试程序的方法和过程。程序设计方法是研究问题求解和进行系统构造的软件方法学。程序设计方法主要经过了结构化程序设计和面向对象的程序设计两个阶段。

程序设计风格是指编写程序时所表现出的特点、习惯和逻辑思路。良好的程序设计风格可以使程序结构清晰合理，程序代码便于维护，因此，程序设计风格直接影响着程序的质量和后期的维护投入。要形成良好的程序设计风格，需要考虑的因素主要有如下几点。

1. 源程序文档化

标识符的命名应具有一定的实际含义，以便于对程序功能的理解；对程序进行准确的注释能够帮助读者更好地理解程序；在程序中利用空格、空行、缩进等技巧可以使程序的层次更加清晰，结构一目了然。

2. 数据说明方法

数据说明次序固定可以使数据的属性更容易查找，也更有利于测试、排错和维护；当说明语句需要说明多个变量时，变量最好按照字母顺序排序；对于复杂数据的结构要使用注释进行说明。

3. 语句的结构

程序应当尽量简单易懂，除非特殊要求，否则应当尽量遵循清晰第一、效率第二的原则，不应该单单为了提高效率而把语句复杂化。

4. 输入和输出

输入和输出的信息是用户直接关心的，输入和输出的方式和格式应当尽可能方便用户的使用，因为输入和输出的风格直接决定了系统能否被用户接受。

2.2 结构化程序设计

结构化程序设计是一种面向过程的程序设计方法。

2.2.1 结构化程序设计的原则

结构化程序设计是进行以模块功能和处理过程设计为主的详细设计的基本原则。结构化程序设计是过程式程序设计的一个子集，它对写入的程序使用逻辑结构，使理解和修改更有效、更容易。结构化程序设计的基本原则是自顶向下、逐步求精、模块化、限制使用 goto 语句。

1）自顶向下：程序设计时，应先考虑总体，后考虑细节；先考虑全局目标，后考虑局部目标。不要一开始就过多追求众多的细节，先从最上层总目标开始设计，逐步使问题具体化。

2）逐步求精：对于复杂问题，应设计一些子目标作为过渡，逐步细化。

3）模块化：一个复杂的问题是由若干稍简单的问题构成的。模块化是指将程序要解决的总目标分解为多个子目标，再进一步分解为具体的小目标，把每一个小目标称为一个模块。

4）限制使用 goto 语句：应当尽量避免滥用 goto 语句造成程序混乱，但是特定条件下，也是可以使用的。

2.2.2 结构化程序设计的基本结构

结构化程序设计共有 3 种基本结构：顺序结构、选择结构、循环结构。

1）顺序结构的程序设计是最简单的，只要按照解决问题的顺序写出相应的语句即可，它的执行顺序是自上而下，依次执行，如图 2.1 所示。

2）选择结构用于判断给定的条件，根据判断结果控制程序的流程，如图 2.2 所示。

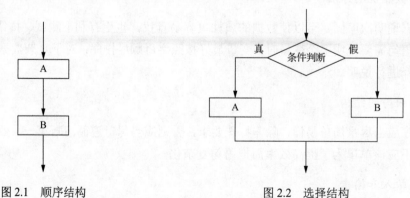

图 2.1 顺序结构   图 2.2 选择结构

3）循环结构可以减少源程序重复书写的工作量，其用来描述重复执行某段算法的问题，这是程序设计中最能发挥计算机特长的程序结构。循环结构可以看成一个条件判断语句和一个返回语句的组合，先判断后执行的循环体称为当型循环结构，如图 2.3 所示；先执行循环体后判断的称为直到型循环结构，如图 2.4 所示。

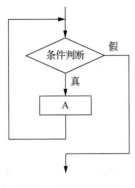

图 2.3　当型循环结构

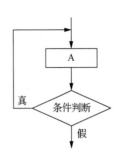

图 2.4　直到型循环结构

2.2.3　结构化程序设计的应用

结构化程序设计是一种面向过程的程序设计方法。在结构化程序设计的具体实施过程中，需要注意如下问题：

1）使用程序设计语言中的顺序、选择、循环等有限的控制结构表示程序的控制逻辑。

2）选用的控制结构只准许有一个入口和一个出口。

3）程序语句组成容易识别的块，每块只有一个入口和一个出口。

4）复杂结构应该用嵌套的基本控制结构进行组合嵌套来实现。

5）语言中没有控制结构的，应该采用前后一致的方法来模拟。

6）严格控制 goto 语句的使用。

2.3　面向对象的程序设计

面向对象的程序设计强调用人类现实生活中的思维方法来认识、理解和描述客观事物。

2.3.1　面向对象方法的优点

面向对象的程序设计是一种程序设计范型，同时也是一种程序开发的方法。对象指的是类的实例。面向对象的程序设计将对象作为程序的基本单元，将程序和数据封装于其中，以提高软件的重用性、灵活性和可扩展性。

面向对象的程序设计可以看作一种在程序中包含各种独立而又互相调用的对象的思想，这与传统的程序设计思想不同，传统的程序设计主张将程序看作一系列函数的集合或一系列对计算机下达的指令。面向对象的程序设计中的每一个对象都应该能够接收数据、处理数据并将数据传达给其他对象，因此它们都可以被看作一个小型的"机器"。面向对象方法的优点主要体现在如下几点。

1. 与人类习惯的思维方式一致

现实世界中存在的客体是问题域中的主角，客体是指客观存在的对象实体和主观抽象的概念，它是人类观察问题和解决问题的主要目标。通常人类观察问题的视角是这些客体，客体的属性反映客体在某一时刻的状态，客体的行为反映客体能从事的操作。这些操作能够用来设置、改变和获取客体的状态。任何问题域都有一系列的客体，因此解决问题的基本方式是让这些客体之间相互驱动、相互作用，最终使每个客体按照设计者的意愿改变其状态。

结构化设计方法所采用的设计思路不是将客体作为一个整体，而是将客体的行为抽取出来，以功能为目标来设计应用系统。这种做法导致在进行程序设计时，不得不将客体所构成的现实世界映射到由功能模块组成的解空间中，这种变换过程不仅增加了程序设计的复杂程度，而且背离了人们观察问题和解决问题的基本思路。

2. 稳定性好

在任何一个问题域中，客体是稳定的，而行为是不稳定的。结构化设计方法将审视问题的视角定位于不稳定的操作上，并将描述客体的属性和行为分开，使应用程序的日后维护和扩展相当困难，甚至一个微小的变动都会波及整个系统。面对问题规模的日趋扩大、环境的日趋复杂、需求变化的日趋加快，将利用计算机解决问题的基本方法统一到人类解决问题的习惯方法上，彻底改变软件设计方法与人类解决问题的常规方式不统一的现象迫在眉睫，这是提出面向对象方法的首要原因。

3. 可重用性好

可重用性标志着软件产品的可复用能力，是衡量一个软件产品成功与否的重要标志。在当今的软件开发行业，人们越来越追求开发更多的、更有通用性的可重用构件，从而使软件开发过程彻底改善，即从过去的语句级编写发展到现在的构件组装，从而提高软件开发效率，推动应用领域迅速扩展。然而，结构化程序设计方法的基本单位是模块，每个模块只是实现特定功能的过程描述，因此，它的可重用单位只能是模块。例如，在用 C 语言编写程序时使用大量的标准函数。但对于今天的软件开发来说，这样的重用力度显得微不足道，而且当参与操作的某些数据类型发生变化时，就不能够再使用那些函数了。因此，渴望更大力度的可重用构件是如今应用领域对软件开发提出的新需求。

4. 易于开发大型软件产品

采用面向对象的方法开发软件时，可以把一个大型产品看成一系列本质上相互独立的小产品来处理，这样不仅降低了开发难度，而且也使开发工作的管理变得更加容易。这正是对于大型软件产品的开发，面向对象范型优于结构化范型的主要原因之一。在开发大型软件时，采用面向对象技术可以使开发成本明显降低，整体质量得到提高。

2.3.2　面向对象方法的基本概念

面向对象方法的基本概念主要包括对象、类和实例、消息、继承性、多态性。

1．对象

对象是要研究的任何事物。从一本书到一家图书馆，从单个整数到庞大的数据库，甚至极其复杂的自动化工厂、航天飞机等都可看作对象，它不仅能表示有形的实体，而且能表示无形的（抽象的）规则、计划或事件。对象由数据（描述事物的属性）和作用于数据的操作（体现事物的行为）构成一个独立整体。从程序设计者角度来看，对象是一个程序模块；从用户角度来看，对象为他们提供希望的行为。

对象具有如下基本特点。

1）标识唯一性：对象是可区分的，并且由对象的内在本质来区分。

2）分类性：可以将具有相同属性和操作的对象抽象成类。

3）多态性：同一个操作作用于不同的对象，可以产生不同的行为。

4）封装性：对象内部处理能力的实行和内部状态对外是不可见的。

2．类和实例

类是具有共同属性、共同方法的对象的集合，是关于对象的抽象描述，反映属于该类型的所有对象的性质，即类是对一组有相同属性和相同操作的对象的定义，一个类所包含的方法和数据描述一组对象的共同属性和行为。类是对象的抽象，对象则是类的具体化，是类的实例。类可有子类，形成类层次结构。

3．消息

消息是一个实例与另一个实例之间传递的信息，它请求对象执行某一处理或回答某一要求的信息，它统一了数据流和控制流。通常一个消息由下列 3 部分构成：

1）接收消息的对象的名称。

2）消息标识符。

3）零个或多个参数。

4．继承性

继承是使用已有的类定义作为基础建立新类的定义方法。在面向对象方法中，类组成具有层次结构的系统：一个类的上层可有父类，下层可有子类；一个类直接继承其父类的描述（数据和操作）或特性，子类自动共享基类中定义的数据和方法。

继承性是子类自动共享父类数据和方法的机制。它由类的派生功能体现。一个类直接继承其父类的全部描述，同时可修改和扩充。继承具有传递性。继承分为单继承（一个子类只有一个父类）和多重继承（一个类有多个父类）。类的对象是各自封闭的，如果没有继承性机制，则类对象中的数据、方法就会出现大量重复。

5．多态性

对象根据所接收的消息而做出动作。同一消息被不同的对象接收时，可产生完全不同的行为，这种现象称为多态性。利用多态性，用户可发送一个通用的消息，而将所有的实现细节都留给接收消息的对象自行决定，这样同一消息即可调用不同的方法。例如，Print 消息被发送给一个图或表时调用的打印方法与发送给一个文档文件调用的打印方法完全不同。多态性的实现受到继承性的支持，利用类继承的层次关系，把具有通用功能的协议存放在类层次中尽可能高的地方，而将实现这一功能的不同方法置于较低层次，这样，在这些低层次上生成的对象就能对通用消息产生不同的响应。在面向对象程序设计中可通过在派生类中重定义基类函数（定义为重载函数或虚函数）来实现多态性。

第 3 章　软件工程基础

软件的发展过程中产生了软件危机，人们为了解决软件危机提出用工程的思想来进行软件开发。

3.1　软件工程的基础知识

本节介绍软件工程的基础知识，主要内容包括软件、软件工程、软件生命周期、软件需求分析、软件设计、程序调试、软件测试和软件维护等基本知识。

3.1.1　软件工程的基本概念

随着计算机应用的日益普及和深入，社会对不同功能的软件产品的需求量急剧增加，软件产品的规模越来越庞大，复杂程度也不断增加。但软件开发技术没有重大突破，软件的生产不断面临着软件危机，主要体现在下列几个方面：①软件需求的增长得不到满足；②软件开发成本和进度无法控制；③软件质量难以保证；④软件不可维护或可维护程度非常低；⑤软件的成本不断提高；⑥软件开发生产率的提高赶不上硬件的发展和应用需求的增长。总之，可以把软件危机归结为成本、质量、生产率等问题。

下面首先介绍软件及软件工程的概念。

1. 软件

软件是计算机系统中与硬件相互依存的部分，它是程序、数据及其相关文档的集合。其中，程序是软件开发人员根据用户需求开发的、用程序设计语言描述的、适合计算机执行的指令序列；数据是使程序能正常操纵信息的数据结构；文档是与程序开发、维护和使用有关的图文资料。

简单地说，软件=程序+数据+文档。可见，软件由机器可执行的程序和数据，以及机器不可执行的有关文档组成。

软件是逻辑产品，具有在使用过程中不会出现磨损和老化，但要进行维护，开发、运行对计算机系统具有依赖性等特点。

根据应用目标的不同，软件可分为系统软件、应用软件和支撑软件。系统软件是指计算机管理自身资源、提高计算机使用效率并为计算机用户提供各种服务的软件，如Windows、UNIX、Linux。应用软件是指为解决特定领域的应用而开发的软件，如 Word、Photoshop。支撑软件是指协助用户开发软件的工具性软件，如故障检查与诊断程序。

2. 软件工程

为了摆脱软件危机，北大西洋公约组织在 1968 年举办了首次软件工程学术会议，首次提出"软件工程"来界定软件开发所需的相关知识，并建议"软件开发应该是类似工程的活动"。此后，学术界和产业界共同努力进行大量的技术实践，累积了大量的研究成果，软件工程逐渐发展成为一门专业学科。

软件工程是指采用工程的概念、原理、技术和方法指导软件的开发与维护，从而达到提高软件质量、降低成本的目的。

软件工程包括 3 个要素：方法、工具和过程。

1）软件工程方法是完成软件工程项目的技术手段，包括项目计划、需求分析、系统结构设计、详细设计、编码实现、测试和维护等方法。软件工程方法分为结构化方法和面向对象方法两类。

2）软件工程工具的功能是为软件的开发、管理和文档生成提供自动或半自动的软件支撑环境，如计算机辅助软件工程（computer aided software engineering，CASE）等。

3）软件工程过程是指将软件工程的方法和工具综合起来，以支持软件开发的各个环节的控制、管理。

软件工程的目标是在给定成本和进度的前提下，开发出满足用户需求的软件产品，并且这些软件产品具有适用性、有效性、可修改性、可靠性、可理解性、可维护性、可重用性、可移植性、可追踪性、可互操作性等特点。追求这些目标有助于提高软件产品的质量和开发效率，减少维护的困难。

3. 软件工程的原则

B. W. Boehm 在 1983 年总结了 TRW 公司历时 12 年控制软件的经验，提出软件工程的 7 条基本原则，作为保证软件产品质量和开发效率的最小集合。具体如下：

1）按软件生命周期分阶段制订计划并认真实施。

2）逐阶段进行评审确认。

3）实行严格的产品控制。

4）采用现代的程序设计技术设计与开发软件。

5）明确责任。

6）开发小组的人员应该少而精。

7）不断改进软件工程实践。

3.1.2 软件工程周期

1. 软件工程过程

为确保软件质量和提高产品竞争力，软件组织需要规范软件开发过程，实施软件过程管理。软件工程过程是指为获得软件产品，在软件工具的支持下由软件工程师完成的一系列软件工程活动。软件工程过程遵循 PDCA 抽象活动，包含以下 4 种基本的过程活动。

1）P（plan）软件规格说明：规定软件的功能及其运行约束。

2）D（do）软件开发：产生满足规格说明的软件。

3）C（check）软件确认：确认软件能够完成用户提出的要求。

4）A（action）软件演进：为满足用户需求的变更，软件须在使用过程中演进。

2. 软件生命周期

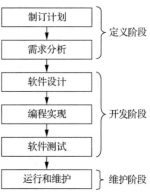

图 3.1　软件生命周期

同其他事物一样，软件也有一个孕育、诞生、成长、成熟和衰亡的生存过程。软件生命周期是指软件产品从定义开始，到不再使用为止的整个时期。根据软件工程原理要求，可把软件生命周期分为软件定义、软件开发和软件维护 3 个阶段，在整个软件生命周期中贯穿了软件工程过程的 6 个基本活动，如图 3.1 所示，这些活动可以有重复，执行时也可以有迭代。

1）制订计划：确定要开发软件系统的总目标，给出功能、性能、可靠性、接口等要求。从技术（包括硬件技术和软件技术）、经济（成本/效益分析）、社会和法律等方面研究软件项目的可行性，产生的文档有可行性分析报告、项目计划书等。

2）需求分析：分析系统"做什么"，确定系统功能、性能和可靠性要求等，采用各种技术、方法和工具，全面获取、仔细分析用户需求，并给出准确的需求规格说明书和初步的用户手册，提交管理机构评审。

3）软件设计：是软件工程的技术核心，通常又分为概要设计和详细设计两个阶段。概要设计（总体设计）指概括说明系统如何实现，其主要任务有两个，一是系统设计，即系统应该由哪些元素组成（包括程序、数据库、操作、文件等）；二是系统结构设计，即确定系统的模块组成及模块之间的关系。详细设计（过程设计）在概要设计的基础上进一步利用图形工具、语言工具和表格工具，详细描述各个模块的算法，为源程序的实现打基础。编写设计规格说明书，提交评审。

4）编程实现：根据目标系统的性质和环境，选择一种适当的高级语言，把详细设计的成果转换成计算机可以接受的程序代码，产生源程序清单，并测试每一个模块。

5）软件测试：为了发现软件的错误而运行程序，在设计测试用例的基础上，检验软件的各个组成部分，产生软件测试计划和软件测试报告。

6）运行和维护：已交付的软件正式投入使用，并在运行过程中进行适当的维护。其主要解决软件在实际运行中出现的各种问题，如系统中有错误时进行的修改；为了适应软件运行的硬件和软件环境的变化而进行的扩展；由于用户的需求发生变化，需要增减系统的功能；为了将来的维护所做的准备性修改等。

3. 软件过程模型

模型是对现实世界的简化，是系统的一个语义闭合的抽象，它是稳定的和普遍适用的。软件过程模型是从一个特定角度提出的对软件过程的简化描述，是对软件开发实际过程的抽象，它包括构成软件过程的各种活动、软件工件和参与角色等。开发一个软件无论其规模大小，都需要选择一个合适的软件过程模型，这种选择基于项目和应用的性质、采用的方法、需要的控制，以及要交付的产品的特点。根据软件过程的 3 个成分，可以将软件过程模型分为工作流模型、数据流模型和角色/动作模型。软件过程模型有时也称软件生命周期模型,即描述从软件定义直至软件经使用后废弃为止,跨越整个生存期的软件开发、运行和维护所实施的全部过程、活动和任务的结构框架,同时描述生命周期不同阶段产生的软件工件,明确活动的执行角色等。

下面介绍 9 个传统软件过程模型,即瀑布模型、V 模型和 W 模型、原型方法、演化模型、增量模型、螺旋模型、喷泉模型、构件组装模型、快速应用开发模型。

(1)瀑布模型

1970 年,Winston Royce 提出瀑布模型,这是最早出现的软件过程模型。瀑布模型规定了软件生命周期中提出的 6 个基本工程活动,并且规定了它们自上而下、相互衔接的固定次序,如同瀑布流水,最终得到软件产品。瀑布模型的形态如图 3.2 所示。

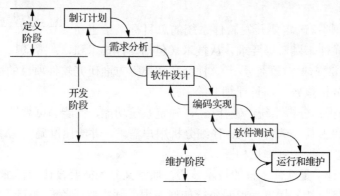

图 3.2　瀑布模型的形态

瀑布模型的优点如下:

1)软件生命周期的阶段划分不仅降低了软件开发的复杂程度,而且提高了软件开发过程的透明性,便于将软件工程过程和软件管理过程有机地融合在一起,从而提高软件开发过程的可管理性。

2)推迟了软件实现,强调在软件实现前必须进行分析和设计工作。

3)瀑布模型以项目的阶段评审和文档控制为手段,对整个开发过程进行有效的指导,保证了阶段之间的正确衔接,能够及时发现并纠正开发过程中存在的缺陷,从而能够使产品达到预期的质量要求。

瀑布模型的缺点如下:

1)最突出的缺点是模型缺乏灵活性,特别是无法解决软件需求不明确或不准确的问题。因此,瀑布模型只适合于需求明确的软件项目。

2)模型的风险控制能力较弱;成品时间长;体系结构的风险和错误只有在测试阶段才能发现,返工导致项目延期。

3)软件活动是文档驱动的,文档过多会增加工作量,文档完成情况会误导管理人员。

(2)V 模型和 W 模型

1)V 模型——瀑布模型的变种。

瀑布模型将测试作为软件实现之后的一个独立阶段,没有强调测试的重要性。针对瀑布模型的这个缺点,20 世纪 80 年代后期 Paul Rook 提出了 V 模型,如图 3.3 所示。

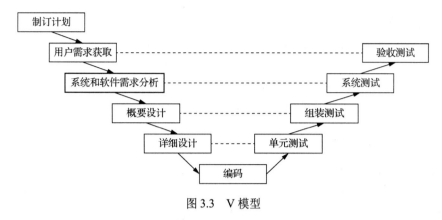

图 3.3 V 模型

V 模型的价值在于纠正了人们不重视测试阶段重要性的错误认识,将测试分等级,并和前面的开发阶段对应起来。

2)W 模型——瀑布模型的变种。

V 模型仍然将测试作为一个独立的阶段,所以并没有提高模型抵抗风险的能力。

Evolutif 公司在 V 模型的基础上提出了 W 模型,它将测试广义化,增加了确认和验证内容,并贯穿整个软件生命周期,如图 3.4 所示。

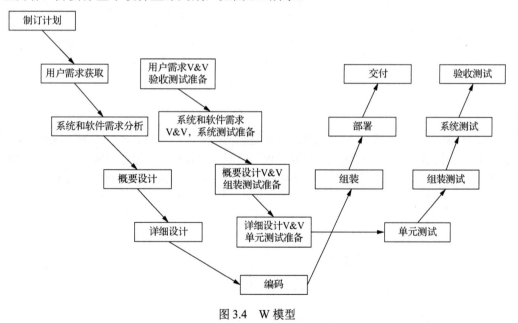

图 3.4 W 模型

W 模型由两个 V 模型组成,分别代表测试与开发过程,两个过程是同步进行的。

(3)原型方法

原型是指模拟某种产品的原始模型。软件原型是一个早期可以运行的版本,它反映最终系统的部分重要特性。

原型方法构造软件系统是指获得一组基本的需求说明,快速分析构造出一个小型的软件系统,满足用户的基本要求;用户试用原型系统,对其进行反馈和评价;开发者根据用户意见对原型进行改进,获得新的原型版本;周而复始,直到产品满足用户的要求。

原型方法的优点如下：

1）有助于增进软件人员和用户对系统服务需求的理解。

2）提供了一种有力的学习手段。

3）容易确定系统的性能、服务的可应用性、设计的可行性和产品的结果。

4）原型的最终版本可作为最终产品或最终系统的一部分。

原型方法的缺点如下：

1）文档容易被忽略。

2）建立原型的许多工作会被浪费。

3）项目难以规划和管理。

（4）演化模型

演化模型主要适用于事先不能完整定义需求的软件项目开发。软件开发人员先根据用户的需求开发出试验性产品，即系统的原型；当核心系统投入运行后，用户在试用的基础上，提出精化系统、增强系统能力的需求；软件开发人员根据用户的反馈，实施进一步开发，从而获得较为满意的软件产品，演化模型如图 3.5 所示。

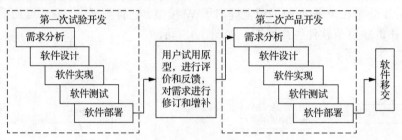

图 3.5 演化模型

演化模型的优点主要是可以针对需求不是很明确的软件项目。演化模型的缺点：可能会抛弃瀑布模型的文档控制优点，开发过程不透明；探索式演化模型可能会导致最后的软件系统的结构较差；可能会用到一些不符合主流、不符合要求或不成熟的工具和技术。

（5）增量模型

增量模型首先由 Mills 等人于 1980 年提出，其结合了瀑布模型和演化模型的优点：允许客户的需求逐步提出；每一次"增量"需求的划分与"增量"实现的集成以不影响系统体系结构为前提。增量模型如图 3.6 所示。

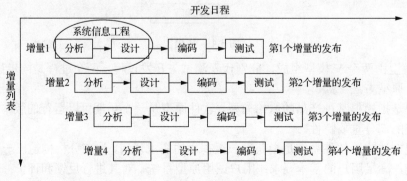

图 3.6 增量模型

增量模型的优点：

1）增强了客户使用系统的信心，逐步提出对后续增量的需求。

2）项目总体失败的风险较低，增量从高到低的优先级保障了系统重要功能部分的可靠性。

3）同一个体系结构提高了系统的稳定性和可维护性。

增量模型的缺点：

1）增量的粒度选择问题。

2）确定所有的基本业务服务比较困难。

（6）螺旋模型

螺旋模型是由 TRW 公司的 B. W. Boehm 于 1988 年提出的，它是将瀑布模型和演化模型等结合起来，并加入风险分析所建立的一种软件开发模型。软件风险是软件开发中普遍存在的问题，不同的项目其风险程度不同。螺旋模型如图 3.7 所示。螺旋模型沿着螺旋线旋转，在 4 个象限上分别表达了以下 4 个方面的活动。

1）制订计划：确定软件目标，选定实施方案，明确项目开发的限制条件。

2）风险分析：分析所选方案，考虑如何识别和消除风险。

3）实施工程：实施软件开发。

4）客户评估：评价开发工作，提出修正建议。

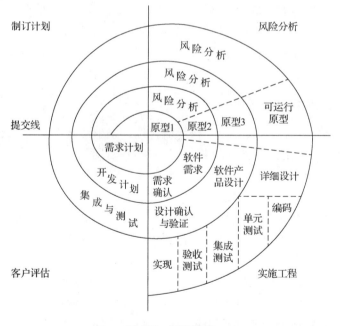

图 3.7　螺旋模型

螺旋模型适合于大型软件的开发。然而风险分析需要相当丰富的评估经验，风险的规避又需要深厚的专业知识，这给螺旋模型的应用增加了难度。

（7）喷泉模型

喷泉模型是由 B. H. Sollers 和 J. M. Edwards 于 1990 年提出的一种新的软件开发模

图 3.8 喷泉模型

型。喷泉模型主要适用于采用面向对象技术的软件开发项目，它体现了面向对象软件开发固有的本质特征：迭代和无间隙。迭代是指软件的某个部分常常被重复工作多次，相关对象在每次迭代中随之加入渐进的软件成分。无间隙是指在各项活动之间无明显边界，如分析、设计和实现活动之间没有明显的界限。喷泉模型如图 3.8 所示。

（8）构件组装模型

构件组装模型本质上是演化的，开发过程是迭代的。构件组装模型由 5 个阶段组成，即需求定义和分析、软件体系结构设计、构件开发、应用软件构造、测试和发布。

（9）快速应用开发模型

快速应用开发模型是一个增量型的软件开发过程模型，采用构件组装方法进行快速开发。

新型软件生命周期模型包括统一过程模型、敏捷模型等。

在软件工程的活动过程中，开发人员按照软件工程的方法和原则，借助计算机及软件工具的帮助，设计、开发、维护和管理软件产品，称为计算机辅助软件工程。计算机辅助软件工程的有效性只有通过集成才能实现。1993 年，Fuggetta 依据计算机辅助软件工程工具对软件过程的支持范围，将其分为 3 类：①工具，支持单个任务，如检查设计的一致性，编译一个程序，比较测试结果等；②工作台，支持一个软件过程或一个过程的一些活动，如需求分析、软件设计、软件测试等，工作台有一定的集成度，由若干个工具组成；③环境，支持软件过程及相关的大部分活动。

3.1.3　软件工具与软件开发环境

早期的软件开发除了一般的程序设计语言外，缺少工具的支持，致使编程工作量大，质量和进度难以保证，导致人们将很多的精力和时间花费在程序的编制和调试上，而在更重要的软件需求和设计上反而得不到必要的精力和时间的投入。软件开发工具的完善和发展将促进软件开发方法的进步和完善。软件开发工具是从单项工具的开发逐步向集成工具发展的，它为软件工程方法提供了自动的或半自动的软件支撑环境。同时，软件开发方法的有效应用也必须得到相应工具的支持，否则方法将难以有效地实施。

软件开发环境又称软件工程环境，是全面支持软件开发全过程的软件工具集合。这些软件工具按照一定的方法或模式组合起来，支持软件生命周期内的各个阶段和各项任务的完成。软件开发环境包括数据集成、控制集成、界面集成。

计算机辅助软件工程是当前软件开发环境富有特色的研究工作和发展方向。计算机辅助软件工程将各种软件工具、开发机器和一个存放开发过程信息的中心数据库组合起来，形成软件工程环境。计算机辅助软件工程的成功产品将最大限度地降低软件开发的技术难度，并使软件开发的质量得到保证。

3.2　软件结构化分析方法

在可行性研究的基础上，通过对问题及环境的理解、分析，将用户需求精确化、完全化，最终形成需求规格说明书，描述系统的信息、功能和行为。

软件需求是指用户对目标软件系统在功能、性能、可靠性、安全性、开发费用、开发周期及可使用的资源等方面的期望，其中功能要求是最基本的。需求分析通常分为问题分析、需求描述、需求评审 3 个主要阶段。

软件需求分析方法一般分为 4 类：结构化分析方法、面向对象方法、面向控制方法和面向数据方法。这里主要介结构化分析方法。

1.　结构化分析方法的分类

结构化分析方法主要包括面向数据流的结构化分析方法、面向数据结构的设计方法和面向数据结构的结构化数据系统开发方法。

结构化分析方法的实质是着眼于数据流，自顶向下对系统的功能进行逐层分解，建立系统的处理流程，以数据流图（data flow diagram，DFD）和数据字典（data dictionary，DD）为主要工具，建立系统的逻辑模型。

2.　结构化分析方法的常用工具

（1）数据流图

数据流图是用于描述目标系统逻辑模型的图形工具，表示数据在系统内的变化，它直接支持系统功能建模。

数据流图中有以下几种主要元素。

1）→：数据流。数据流是数据在系统内传播的路径，由一组成分固定的数据组成，如订票单由旅客姓名、年龄、单位、身份证号、日期、目的地等数据项组成。由于数据流是流动中的数据，因此必须有流向，除了数据存储之间的数据流不用命名外，数据流应该用名词或名词短语命名。

2）□：数据源（终点）。数据源代表系统之外的实体，可以是人、物或其他软件系统。

3）○：对数据的加工（处理）。加工是对数据进行处理的单元，它接收一定的数据输入，对其进行处理，并产生输出。

4）▬：数据存储。数据存储表示信息的静态存储，可以代表文件、文件的一部分、数据库的元素等。

（2）数据字典

数据字典是对数据流图中包含的所有元素定义的集合，是对数据的数据项、数据结构、数据流、数据存储、处理逻辑、外部实体等进行定义和描述，其目的是对数据流图中的各个元素做出详细的说明。数据字典是结构化分析的核心。

（3）判定树

当数据流图中的加工依赖于多个逻辑时，可以使用判定树来描述。从问题定义的文字描述中分清哪些是判定的条件，哪些是判定的结论，根据描述材料中的连接词找出判定条件之间的从属关系、并列关系、选择关系，根据它们构造判定树。

（4）判定表

判定表与判定树相似，当数据流图中的加工要依赖于多个逻辑条件的取值时，即完成该加工的一组动作是由某一组条件取值的组合而引发的，使用判定表描述比较适宜。

3. 软件需求规格说明书

编制软件需求规格说明书是为了使用户和软件开发者双方对该软件的初始规定有一个共同的理解，作为设计的基础和验收的依据。需求说明书应该具有完整性、无歧义性、正确性、可验证性、可修改性等特性，其中最重要的是正确性。

3.3 软件设计方法

软件设计是开发阶段最重要的部分，从软件需求规格说明书出发，根据需求分析阶段确定的功能设计软件系统的整体结构、划分功能模块、确定每个模块的实现算法，形成软件的具体设计方案。

从工程管理角度来看，软件设计可分为概要设计和详细设计。概要设计将软件系统分解成许多个模块，并决定每个模块的外部特征，即功能和界面；详细设计确定每个模块的内部特征，即每个模块内部的执行过程。

1）概要设计。软件概要设计（又称结构设计）的基本任务是，设计软件系统结构、数据结构及数据库，编写概要设计文档，进行概要设计文档评审。

在概要设计中，对设计部分是否完整地实现了需求中规定的功能、性能等要求，设计方案的可行性，关键的处理及内外部接口定义的正确性、有效性，各部分之间的一致性等都要进行评审，以免在以后的设计中出现大的问题而返工。

软件概要设计的常用工具是结构图（也称程序结构图），它是描述软件结构的图形工具。

2）详细设计。在详细设计阶段，要对每个模块规定的功能及算法的设计给出适当的算法描述，即确定模块内部的详细执行过程，包括局部数据组织、控制流、每一步的具体处理要求和各种实现细节等。其目的是确定应该如何具体实现所要求的系统。

详细设计过程的常用工具有以下几个。

① 图形工具：程序流程图、盒图（N-S 图）、问题分析图（PAD 图）、HIPO 图。

② 表格工具：判定表。

③ 语言工具：程序设计语言（program design language，PDL），也称为伪码。

软件设计的基本原理是抽象、模块化、信息隐蔽、模块独立化。模块独立化可以从两个方面度量：①内聚性，包括偶然内聚、逻辑内聚、时间内聚、过程内聚、通信内聚、顺序内聚、功能内聚；②耦合性，包括内容耦合、公共耦合、外部耦合、控制耦合、标记耦合、数据耦合、非直接耦合。

在程序结构中各模块的内聚性越强，耦合性就越弱。优秀的软件应具有高内聚、低耦合的特征。从技术观点上看，软件设计包括软件结构设计、数据设计、接口设计、过程设计。其中，结构设计包括以下两方面：结构化设计方法和面向对象设计方法。

1. 结构化设计方法

结构化设计方法的基本思想是，将系统设计成由相对独立、单一功能的模块组成的结构。用结构化设计方法设计的程序系统，由于模块之间是相对独立的，每个模块可以独立地被理解、编程、测试、排错和修改，这就使复杂的研制工作得以简化。此外，模块的相对独立性也能有效防止错误在模块之间扩散蔓延，因而提高了系统的可靠性。

结构化设计方法使用结构图描述，它描述了程序的模块结构，并反映了块间联系和块内联系等特性。

结构图中用方框表示模块，从一个模块指向另一模块的箭头，表示前一模块中含有对后一模块的调用；用带注释的箭头表示模块调用过程中来回传递的信息；用带实心圆的箭头表示传递的是控制信息，用带空心圆的箭头表示传递的是数据。

结构图的形式包括基本形式、顺序形式、重复形式、选择形式。

2. 面向对象设计方法

面向对象设计是把分析阶段得到的需求转变成符合成本和质量要求的、抽象的系统实现方案的过程。

面向对象设计的准则包括：①模块化——把数据结构和操作这些数据的方法紧密地结合在一起所构成的模块。②抽象——面向对象设计方法不仅支持过程抽象，还支持数据抽象。③信息隐藏——在面向对象设计方法中，信息隐藏通过对象的封装性来实现。④低耦合——在面向对象设计方法中，对象是最基本的模块，因此，耦合主要指不同对象之间相互关联的紧密程度。低耦合是设计的一个重要标准，因为这有助于使系统中某一部分的变化对其他部分的影响降到最低程度。⑤高内聚。

3.4　软件测试方法

将详细设计确定的具体算法用程序设计语言描述出来，生成目标系统对应的源程序，并且应有必要的内部文档和外部文档。为了减少软件发布运行后发现的错误或缺陷，需在软件投入正式使用前进行软件测试。

1. 软件测试方法与实施

软件测试有很多种方法，根据软件是否需要被执行，可分为静态测试和动态测试。

（1）静态测试

静态测试是指不实际运行程序，主要通过人工阅读文档和程序，从中发现错误，这种技术也称为评审。实践证明，静态测试是一种很有效的技术，包括需求复查、概要设计（总体设计）复查、详细设计复查、程序代码复查等。

（2）动态测试

动态测试就是通常所说的上机测试，这种方法是使程序有控制地运行，并从不同角度观察程序运行的状态，以发现其中的错误。

动态测试的关键是如何设计测试用例。测试用例是为软件测试设计的数据，其由测试人员输入数据和预期的输出结果两部分组成。测试方法不同，所使用的测试用例也不同。常用的测试方法有黑盒测试和白盒测试。

1）黑盒测试。黑盒测试是指测试人员将程序看成一个黑盒，而不考虑程序内部的结构和处理过程，其测试用例是完全根据规格说明书的功能说明来设计的。如果想用黑盒测试发现程序中的所有错误，则必须用输入数据的所有可能值来检查程序是否都能产生正确的结果。

黑盒测试的测试用例设计方法主要有等价类划分、边界值分析、错误推测法和因果图。

① 等价类划分方法是把所有可能的输入数据划分成若干部分，然后从每一部分中选取少数有代表性的数据作为测试用例。在设计其测试用例时，要同时考虑有效等价类和无效等价类的设计。

② 边界值分析是对输入或输出的边界值进行测试，它是对等价类划分方法的补充。

③ 错误推测法的基本思想是列举出程序中所有可能有的错误和容易发生错误的特殊情况，据此选择测试用例。

④ 因果图方法最终生成的就是判定表，它适合于检查程序输入条件的各种组合情况。

2）白盒测试。白盒测试是指测试人员把程序看成装在一个透明的白盒，必须了解程序的内部结构，然后根据程序的内部逻辑结构来设计测试用例。

白盒测试的主要方法有逻辑覆盖和基本路径测试，运用最为广泛的是基本路径测试法。基本路径测试法是在程序控制流图的基础上，通过分析控制构造的环路复杂性，导出基本可执行路径集合，从而设计测试用例的方法。逻辑覆盖包括语句覆盖、判定覆盖、条件覆盖、判定/条件覆盖、条件组合覆盖和路径覆盖。

2. 软件测试的目的和准则

软件测试的目的是在设想程序有错误的前提下，设法发现程序中的错误和缺陷，而不是为了证明程序是正确的。

Grenford J. Myers 曾对软件测试的目的提出过以下观点：

1）测试是为了发现程序中的错误而执行程序的过程。

2）好的测试用例极可能发现迄今为止尚未发现的错误。

3）成功的测试是发现了至今为止尚未发现的错误的测试。

4）通常不可能做到穷尽测试，因此精心设计测试用例是保证达到测试目的所必需的。

设计和使用测试用例的基本准则如下：

1）测试应该尽早进行，最好在需求阶段就开始介入，因为最严重的错误不外乎是系统不能满足用户的需求。

2）程序员应该避免检查自己的程序，软件测试应该由第三方来负责。

3）设计测试用例时应考虑合法的输入和不合法的输入及各种边界条件，特殊情况下不要制造极端状态和意外状态。

4）应该充分注意测试中的群集现象。

5）对策是指对错误结果进行的一个确认过程。一般由 A 测试出来的错误，一定要由 B 来确认。对于严重的错误，可以召开评审会议进行讨论和分析，要对测试结果进行严格的确认，如是否真正存在这个问题及严重程度等。

6）制订严格的测试计划。一定要制订测试计划，并且该计划要有指导性。测试时间安排尽量宽松，不要试图在极短的时间内完成一个高水平的测试。

7）妥善保存测试计划、测试用例、出错统计和最终分析报告，为维护系统提供方便。

3. 软件测试实施

软件开发过程的分析、设计、编程等阶段都可能产生各种各样的错误，针对每一阶段可能产生的错误，采用特定的测试技术，所以测试过程通常可以分为 4 个步骤：单元测试、集成测试、确认测试和系统测试，如图 3.9 所示。

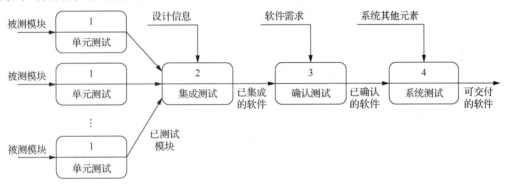

图 3.9　软件测试步骤

1）单元测试：是对软件设计的最小单位——模块进行正确性检验的测试，其目的是根据该模块的功能说明检验模块是否存在错误。单元测试主要可发现详细设计和编程时犯下的错误，如某个变量未赋值、数组的上/下界不正确等。

2）集成测试：是测试和组装软件的过程，其目的是根据模块结构图将各个模块连接起来进行测试，以便发现与接口有关的问题。组装模块时有两种方法，一种称为非增量式测试法，即先分别测试好每个模块，再把所有的模块按要求组装成所需程序；另一种称为增量式测试法，即将下一个要测试的模块和已经测试好的模块结合起来测试，测试完成后再将下一个被调模块结合起来测试。

3）确认测试：验证软件的功能、性能和其他特性是否满足需求规格说明书中确定的各种需求，确认测试分为α测试和β测试两种。

4）系统测试：将硬件、软件和操作人员等组合在一起，检验它是否有不符合需求说明书的地方，这一步可以发现设计和分析阶段的错误。

测试中如发现错误，需要回到编程、设计、分析等阶段做相应的修改，修改后的程序需要再次进行测试，即回归测试。

3.5　程序的调试

在对程序进行成功的测试之后将进入程序调试（即排错）环节，其任务是诊断和改正程序中的错误。它与软件测试不同，软件测试是尽可能多地发现软件中的错误，而调试是在发现软件的错误之后借助调试工具找出软件错误的具体位置并改正。软件测试就像人们去医院一样，尽量查出身体毛病，而调试是针对病情进行详细诊断并治疗的过程。软件测试贯穿整个软件生命周期，调试主要在开发阶段进行。

由程序调试的概念可知，程序调试活动由两部分组成：其一是根据错误的迹象确定程序中错误的确切性质、原因和位置；其二是对程序进行修改，排除错误。

1. 程序调试的基本步骤

1）错误定位。从错误的外部表现形式入手，确定程序中出错的位置，找出错误的内在原因。确定错误位置占据了软件调试绝大部分的工作量。

2）修改设计和代码，以排除错误。调试是软件开发过程中一项艰苦的工作，这也决定了调试工作是具有很强技术性和技巧性的工作。软件工程人员在分析和测试程序运行结果时会发现，程序运行失效或出现问题往往只是潜在错误的外部表现，而外部表现与内在原因之间常常没有明显的联系。要找出真正的原因，并排除潜在的错误，并不是一件易事。因此可以说，调试是通过现象找出原因的一个思维分析过程。

3）进行回归测试，防止引进新的错误。因为修改程序可能带来新的错误，重复进行暴露这个错误的原始测试或某些有关测试，以确认该错误是否被排除、是否引进了新的错误。如果所做的修正无效，则撤销这次改动。重复上述过程，直到找到一个有效的解决方法为止。

2. 程序调试的方法

1）强行排错法。强行排错法作为传统的调试方法，其过程可概括为设置断点、程序暂停、观察程序状态、继续运行程序。强行排错法是目前使用较多、效率较低的调试方法，涉及的调试技术主要是设置断点和监视表达式。

2）回溯法。该方法适合于小规模程序排错，即一旦发现错误，则先分析错误征兆，确定最先发现"症状"的位置，然后从发现"症状"的地方开始，沿程序的控制流程逆向跟踪源程序代码，直到找到错误根源或确定错误产生的范围。

回溯法对于小程序很有效，往往能把错误范围缩小到程序中的一小段代码，仔细分析这段代码不难确定出错的准确位置。但随着源代码行数的增加，潜在的回溯路径数目很多，回溯会变得很困难，而且开销较大。

3）原因排除法。原因排除法是通过演绎法、归纳法及二分法来实现的。

① 演绎法是一种从一般原理或前提出发，经过排除和精化的过程来推导出结论的思考方法。演绎法排错是测试人员首先根据已有的测试用例，设想及枚举出所有可能出错的原因作为假设，然后用原始测试数据或新的测试从中逐个排除不可能正确的假设，最后用测试数据验证余下的假设，以确定出错的原因。

② 归纳法是一种从特殊推断出一般的系统化思考方法，其基本思想是从一些线索（错误征兆或与错误发生有关的数据）着手，通过分析寻找到潜在的原因，从而找出错误。

③ 二分法实现的基本思想是，如果已知每个变量在程序中若干个关键点的正确值，

则可以使用定值语句（如赋值语句、输入语句等）在程序中的某点附近给这些变量赋正确值，然后运行程序，并检查程序的输出。如果输出结果是正确的，则错误原因在程序的前半部分；反之，错误的原因在程序的后半部分。对错误原因所在的部分重复使用这种方法，直到出错范围缩小到容易诊断为止。

3. 程序调试的分类

1）静态调试。静态调试可以采用如下两种方法。

① 输出寄存器的内容。在测试中出现问题，设法保留现场信息。把所有寄存器和主存中有关部分的内容打印出来（通常以八进制或十六进制的形式打印），进行分析研究。用这种方法测试，输出的是程序的静止状态（程序在某一时刻的状态），效率非常低，不得已时才采用。

② 为取得关键变量的动态值，在程序中插入打印语句。这是取得动态信息的简单方法，并可检验在某时间后某个变量是否按预期要求发生了变化。此方法的缺点是可能输出大量需要分析的信息，必须修改源程序才能插入打印语句，这可能改变关键的时序关系，引入新的错误。

2）动态调试。通常利用程序语言提供的调试功能或专门的调试工具来分析程序的动态行为。一般程序语言和工具提供的常用调试功能有设置断点、单步运行、变量监视等。

第4章 数据库设计基础

数据库技术是数据管理的技术，是计算机科学与技术的重要分支，是信息系统的核心和基础。当今社会上各种各样的信息系统都是以数据库为基础，从而对信息进行处理和应用的。数据库能借助计算机保存和管理大量的、复杂的数据，快速而有效地为不同的用户和各种应用程序提供所需的数据，以便人们能更方便、更充分地利用这些资源。

数据库管理系统（database management system，DBMS）作为数据库管理最有效的手段广泛应用于各行各业中，成为存储、使用、处理信息资源的主要手段，是任何一个行业信息化运作的基石。本章介绍数据库和 DBMS、数据库技术的发展、数据库系统（database system，DBS）的基本特点和内部体系结构、E-R 方法和数据模型、关系代数、数据库设计与管理等知识。

4.1 数据库系统的基本概念

数据库系统是由数据库、DBMS、应用程序、数据库管理员和用户构成的人-机系统，其核心是 DBMS。数据库管理员是专门从事数据库的建立、使用和维护的工作人员。数据库系统并不是单指数据库和 DBMS，而是指带有数据库的整个计算机系统，如图 4.1 所示。

图 4.1　数据库系统

4.1.1　数据库和 DBMS

1. 信息与数据

信息是客观世界在人们头脑中的反映，是客观事物的表征，是可以传播和加以利用的一种知识。而数据是信息的载体，是对客观存在的实体的一种记载和描述。

数据是描述事物的符号，代表真实世界的客观事物，是指原始（即未加工的信息）的事实，本身没有什么价值；信息则是经过加工后被赋予一定含义的数据，具有特定的价值，是客观事物的特征通过一定物质载体形式的反映。

2. 数据库

数据库是以一定的组织形式存放在计算机存储介质上的相互关联的数据的集合，或者说，是长期保存在计算机外存上的、有结构的、可共享的数据集合。其主要特点是具有最小的冗余度，具有数据独立性，可实现数据共享，安全可靠，保密性能好。

3. DBMS

DBMS 是位于用户和操作系统之间的一层数据管理软件。它能对数据库进行有效的管理，包括存储管理、安全性管理、完整性管理等；同时，它也为用户提供了一个软件环境，使其能够方便快速地创建、维护、检索、存取和处理数据库中的信息。其主要功能如下。

1）数据定义功能：DBMS 通过提供数据定义语言（data definition language，DDL）使用户可以方便地对数据库中的数据对象进行定义。

2）数据操纵功能：DBMS 通过提供数据操纵语言（data manipulation language，DML）使用户可以方便地对数据库进行一些基本操作，如插入、删除和查询等。

3）数据库的运行管理：统一管理和控制数据库的建立、运用与维护，确保数据库的安全性、完整性、并发性与故障恢复。

4）数据库的建立与维护：包括数据库初始数据的输入、数据转换、数据库的转储、数据恢复功能、数据库的重组织功能及监视和分析功能等，这些功能通常由一些实用程序来完成。

4.1.2　数据库技术的发展

早期的计算机主要用于科学计算。当计算机应用于档案管理、财务管理、图书资料管理、仓库管理等领域时，它所面对的是数量惊人的各种类型的数据。为了有效地管理和利用数据，就产生了计算机的数据库管理技术。

数据库管理技术是数据管理最新的技术，是研究数据库的结构、存储、设计、管理和使用的一门软件学科。数据库技术是在操作系统的文件系统基础上发展起来的，DBMS 本身要在操作系统支持下才能工作。

随着计算机硬件和软件的发展，数据管理技术经历了人工管理、文件系统和数据库系统 3 个发展阶段。

（1）人工管理阶段

20 世纪 50 年代中期以前是人工管理阶段。该阶段，计算机硬件只有卡片、纸带、磁带等，没有能直接存取的存储设备（如磁盘等）。计算机软件只有汇编语言，还没有操作系统软件，更没有专门的进行数据管理的软件。在此阶段，计算机主要用于数值计算，程序员将程序和数据编写在一起，每个程序都有属于自己的一组数据，程序之间不能共享数据，即使是多个程序处理同一批数据，也必须将这些数据写在每一个程序中，数据冗余大。另外，数据的存储格式、存取方式、输入/输出方式等，都由程序员自行设计。人工管理阶段应用程序与数据之间的关系如图 4.2 所示。

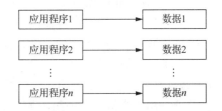

图 4.2　人工管理阶段应用程序与数据之间的关系

（2）文件系统阶段

20 世纪 50 年代后期到 60 年代中期是文件系统阶段。该阶段，计算机硬件出现了磁盘、磁鼓等能直接存取的外存储设备。计算机软件出现了高级语言和操作系统的完善产品，且操作系统中有专门负责管理数据的文件系统功能。

在文件系统阶段，数据以文件的形式存储在外存储器上，由操作系统统一管理。操作系统为用户提供按名存取的方式,用户不必知道数据存放在什么地方及如何存储。由于操作系统的文件管理功能,文件的逻辑结构和物理结构脱钩,程序和数据分离,这样,程序和数据有了一定的独立性。用户的应用程序与数据文件可分别存放在外存储器上,不同的应用程序可以共享同一组数据,实现了以文件为单位的共享。文件系统阶段应用程序与数据之间的关系如图 4.3 所示。

(3)数据库系统阶段

20 世纪 60 年代后期之后进入数据库系统阶段。这一阶段,数据处理的规模越来越大,这是数据库技术产生的现实需要。同时,计算机硬件有了容量大、价格低的磁盘和光盘,计算机软件也有了成熟的操作系统,这些都为数据库技术的发展奠定了基础。为了解决数据的独立性问题,实现数据的统一管理,达到数据共享的目的,数据库技术应运而生。数据库系统阶段应用程序与数据之间的关系如图 4.4 所示。

图 4.3　文件系统阶段应用程序与数据之间的关系　图 4.4　数据库系统阶段应用程序与数据之间的关系

随着数据库技术的不断发展及其应用领域的不断拓展,出现了许多新型的 DBMS。

4.1.3　典型数据库系统

1)分布式数据库是一种将数据存储在多个不同物理位置的数据库。目前许多大型 DBMS 支持分布式数据库,如 Oracle、Sybase、达梦Ⅱ号(DM2)等。

2)面向对象数据库系统是面向对象技术与先进的数据库技术进行有机结合而形成的新型数据库系统。它除了像传统数据库系统一样能存储结构化的数值和字符等信息外,还能方便地存储如声音、图形、图像、视频等复杂的信息对象。面向对象数据库系统的实现主要有两种方式:一种是在面向对象的设计环境中加入数据库功能;另一种是对传统的数据库系统进行改进,使其支持面向对象的数据模型,这是许多传统的 DBMS(如 Oracle)实现面向对象数据库的方法。

3)多媒体数据库能海量存储图形、图像、音频、视频等多媒体数据。从技术角度讲,多媒体数据库涉及诸如图像处理、音频处理、视频处理、三维动画处理、海量数据存储与检索等多方面的技术,如何综合处理这些技术是多媒体数据库技术需要解决的问题。

4)数据仓库是面向主题的、集成的、不可更新的(即稳定的)、随时间不断变化的数据的集合,用来支持企业或组织的决策分析处理。数据仓库是一个新的概念,而不是一个新的平台,它仍然使用传统的 DBMS。

5)工程数据库是一种能存储和管理各种工程设计图形和工程设计文档,并能为工程设计提供各种服务的数据库,其主要应用于计算机辅助设计(computer aided design,CAD)、计算机辅助制造(computer aided manufacturing,CAM)、计算机辅助软件工程等工程应用领域。工程数据库中，由于传统的数据模型难以满足工程应用的要求，需要运用新的模型技术，如扩展的关系模型、语义模型、面向对象的数据模型。工程 DBMS 的功能与传统 DBMS 有很大的不同。

6）空间数据库系统是描述、存储和处理空间数据及其属性数据的数据库系统。空间数据是用于表示空间物体的位置、形状、大小和分布特征等诸方面信息的数据。空间数据的特点是不仅包括物体本身的空间位置及状态信息，还包括表示物体的空间关系（即拓扑关系）的信息。空间数据库是随着地理信息系统（geographic information system，GIS）的开发和应用而发展起来的数据库新技术。目前，空间数据库系统不是独立存在的系统，它是和应用紧密结合的，大多数以地理信息系统的基础和核心的形式出现。空间数据库的研究涉及计算机科学、地理学、地图制图学、摄影测量与遥感、图像处理等多个学科。空间数据库技术研究的主要内容包括空间数据模型、空间数据查询语言和空间 DBMS 等。

4.1.4　数据库系统的基本特点

自 1964 年世界上第一个计算机可读形式的数据库 MEDLARS 诞生以来，数据库技术已广泛普及。如今，数据库已经成为重要的信息源。归纳起来，数据库系统具有以下特征。

（1）数据结构化

数据结构化不仅要描述数据本身，还要描述数据之间的联系。这种联系通过存取路径来实现。这是数据库系统与文件系统的根本区别。这样数据库中的数据不再是面向特定的应用，而是公用的、综合的，以最优的方式适应多个应用程序的要求。

（2）数据独立性

数据独立性是指数据与应用之间的相互独立性。数据不必像文件系统管理方式那样从属于某一个应用程序，打破了程序与数据一一对应的关系。数据库本身仅仅是数据结构的有穷集合，不包含应用问题。此外，DBMS 保证了数据的逻辑结构与物理结构相对独立，用户不必关心数据的物理结构。当数据的存储结构和读取方式改变时，并不影响数据的逻辑结构；当追加新记录时，也不用改变应用程序。

（3）数据共享性

数据共享性是指数据被多个用户所共用。数据共享是建立数据库最突出的优点。文件系统中，文件通常是为某一应用而设计的，而数据库是为多次、多种应用而设计的。多个用户可以通过一个智能化的接口，即一个共同的存取方式共享数据库中的数据，而不必每个用户都事先建立自己的数据文件，从而减轻了用户的负担，产生了专门生产和提供数据的"厂家"，以及专门提供信息共享的信息检索系统和信息服务机构。人们可以通过直接购买或租用数据库、依靠信息服务中心、通过地区或国际网络系统等方式共享信息，从而推动信息的交流和利用。

（4）数据完整性

数据完整性是指数据的正确性、有效性和相容性。保护数据库的完整性非常重要，数据完整性是为了防止合法用户使用数据库时向数据库中加入不符合语义的数据，防止错误信息的输入和输出所造成的无效操作和错误结果。

（5）数据冗余度小

冗余是指相同的数据在某一存储空间中多次出现。数据冗余会妨碍数据的完整性，浪费存储的空间，增加用户的查找时间。数据库系统使数据独立于具体的应用程序，使相同的数据不必多处存储，从而降低数据的冗余度。但为了提高检索速度，也会保留部分冗余数据，只不过限制在尽可能小的范围内。

（6）数据的保存和移植

文件系统管理方式不便于数据的长期保留和移植，数据往往会随着应用程序的删除而消亡，或由于计算机系统不同而不能对移植来的数据进行处理。而数据库是独立于应用程序的，所以它可以长久地保留数据，并可以储备多个副本，特别是对过时的信息，可以进行追溯检索。同时，由于 DBMS 具有良好的独立性、灵活性和完整性，可以与数据库一起移植到不同的计算机系统中，构成新的数据库系统。数据库生产趋于专业化和规范化也促使了数据库的应用越来越广泛。

1. 数据库系统的内部体系结构

数据库的数据体系结构分为 3 个级别：内部级、概念级和外部级，这个结构是 1975 年美国国家标准研究所（American National Standards Institute，ANSI）提出的。数据库系统的 3 级模式如图 4.5 所示。

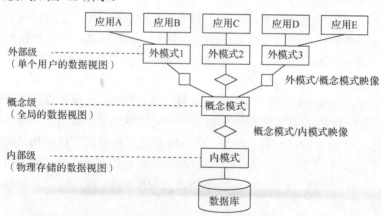

图 4.5　数据库系统的 3 级模式

从某个角度看到的数据特性称为数据视图。外部级最接近用户，是用户能看到的数据特性。用户的数据视图称为外模型。概念级是涉及所有用户的数据定义，也就是全局的数据视图，称为概念模型。内部级是接近于物理存储设备，涉及实际数据的存储方式，物理存储的数据视图称为内模型。这些模型用数据库的数据定义语言描述，以便计算机接收。这 3 种模型用数据定义语言描述后分别得到外模式、概念模式和内模式。

数据库的 3 级模式是数据的 3 个抽象级别，它把数据的具体组织留给 DBMS 管理，使用户能抽象地处理数据，而不必关心数据在计算机中的表示和存储方式。这 3 级模式之间的差别往往很大，为实现这 3 个抽象级别的转换，DBMS 在这 3 级模式之间提供了两级映像：外模式/概念模式映像和概念模式/内模式映像。

（1）外模式

外模式是用户与数据库系统的接口，也称为子模式或用户模式，是用户能够看见和使用的局部数据的逻辑结构和特征的数据视图。一个数据库可以有多个外模式，并且不同的数据库应用系统给出的数据库视图也可能不同。例如，在某些关系型数据库应用系统中，一个有关人事信息的关系型数据库的外模式可被设计成实际使用的表格形式。

（2）概念模式

概念模式简称为模式，是对数据库中全体数据的整体逻辑结构和特性的描述，是所有用户的公共视图。例如，关系型数据库的概念模式就是二维表。

数据按外模式的描述提供给用户，按内模式的描述存储在磁盘中。而概念模式提供了一种约束其他两级的相对稳定的中间层，它使这两级中的任何一级的改变都不受另一级的牵制。

（3）内模式

内模式也称为存储模式，是全部数据在数据库系统内部的表示或底层描述，即数据的物理结构和存储方法的描述。

（4）外模式/概念模式映像

外模式/概念模式映像存在于外部级和概念级之间，用于定义外模式和概念模式之间的对应性，即外部记录类型与概念记录类型的对应性，有时也称为外模式/模式映像。

如果数据库的整体逻辑结构（即概念模式）要做修改，那么外模式/概念模式映像也要做相应的修改，但外模式尽可能保持不变，也就是对概念模式的修改尽量不影响外模式，当然，对应用程序的影响更小，这样就称数据库达到了逻辑数据独立性。

（5）概念模式/内模式映像

概念模式/内模式映像存在于概念级和内部级之间，用于定义概念模式和内模式之间的对应性，有时也称为模式/内模式映像。这两级的数据结构可能不一致，即记录类型、字段类型的组成可能不一样，因此需要这个映像说明概念记录和内部记录之间的对应性。

如果数据库的内模式要做修改，即数据库的存储设备和存储方法有所改变，那么概念模式/内模式映像也要做相应的修改，但概念模式尽可能保持不变，也就是对内模式的修改尽量不影响概念模式，当然，对外模式和应用程序的影响更小，这样就称数据库达到了物理数据独立性。

（6）用户

用户是指使用数据库的应用程序或联机终端用户。编写应用程序的语言仍然是COBOL、FORTRAN、C 等高级程序设计语言。在数据库技术中，称这些语言为宿主语言（host language），简称为主语言。

DBMS 还需要提供数据操纵语言让用户或应用程序使用。通常，数据操纵语言可自成系统，在终端直接对数据库进行操作（称为自含型数据操纵语言）；也可嵌入在主语言中使用（称为嵌入型数据操纵语言），此时主语言是经过扩充、能处理数据操纵语言语句的语言。

（7）用户界面

用户界面是用户和数据库系统的一条分界线，在界线下面，用户是不可知的。用户界面定在外部级上，用户对于外模式是可知的。

2. 常用数据库管理软件

目前，常用的大、中型关系型数据库管理软件有 IBM DB2、Oracle、SQL Server、Sybase、Informix 等，常用的小型数据库有 Access、Paradox、FoxPro 等。个人用户比较常用的中小型数据库有 SQL Server、Access 和 Visual FoxPro 等。

Access 是 Microsoft Office 的组件之一。它提供了一套完整的工具和向导，即使是初学者，也可以通过可视化的操作完成大部分的数据库管理和开发工作。对于高级数据库系统开发人员来说，可以通过 VBA（visual basic for application）开发高质量的数据库系统。目前，Access 应用非常广泛，不仅可用于中、小型的数据库管理，供单机使用，还可以作为 C/S（客户机/服务器）或 B/S（浏览器/服务器）体系结构中数据库服务器上的 DBMS。

4.2 数据模型

模型是对现实世界特征的模拟与抽象，而数据模型是模型的一种，它是对现实世界数据特征的抽象。在数据库中，用数据模型这个工具来抽象、表示和处理现实世界中的数据和信息。

现有的数据模型可以分为 3 类：基于对象的逻辑模型、基于记录的逻辑模型和物理模型。

现实世界是由实际存在的事物组成的，事物之间有着错综复杂的联系。

信息世界是现实世界在人脑中的反映，通常用概念模型来描述信息世界。

数据世界是信息世界数据化的产物，通常用数据模型来描述数据世界。

现实世界、信息世界和数据世界的关系如图 4.6 所示。

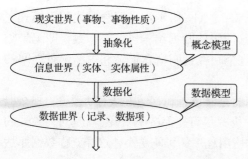

图 4.6 现实世界、信息世界和数据世界的关系

数据模型是数据库中数据存储的方式，是数据库系统的核心和基础。数据库有 3 种重要的数据模型：一是层次模型，它用树形结构来表示实体及实体之间的联系，如早期的 IMS 系统（IP multimedia subsystem）；二是网状模型，它用网状结构来表示实体及实体之间的联系，如 DBTG 系统；三是关系模型，它用一组二维表格来表示实体及实体之间的联系，如 Access 等。

1. 信息世界中的基本概念

1）实体：现实世界中可以相互区分的事物称为实体（或对象），实体可以是人、物等任何实际的东西，也可以是概念性的东西，如学校、班级、城市等。

2）属性：实体所具有的某一种特征称为属性，一个实体可通过若干种属性来描述。例如，"学生"实体可用"学号""姓名""性别""出生日期"等来描述其特征，因而，"学号""姓名""性别""出生日期"等可以看成是"学生"实体的属性。

3）主码：能唯一标识实体的一个属性或多个属性的集合，如"学号"可作为"学生"实体的主码。

4）域：属性的取值范围称为该属性的域，如"性别"的域是"男"和"女"。

5）实体型：用实体名及属性名的集合抽象和描述同类实体。值得注意的是，有些表达中没有区分实体与实体型这两个概念。

6）实体集：同型实体的集合。

7）联系：多个实体之间的相互关联。实体之间可能有多种关系。例如，"学生"与"课程"之间可有"选课"（或"学"）关系，"教师"与"课程"之间可有"讲课"（或"教"）关系等。这种实体与实体之间的关系抽象为联系。

两个实体集 A 和 B 之间的联系一般可分 3 种类型。

1）一对一（1:1）：A 中的一个实体最多与 B 中的一个实体相联系，反之一样。

2）一对多（1:n）：A 中的一个实体可与 B 中的多个实体相联系。

3）多对多（m:n）：A 中的一个实体可与 B 中的多个实体相联系，而 B 中的一个实体可与 A 中的多个实体相联系。

2. E-R 方法

概念模型的表示方法很多，其中最著名的是 P. P. S. Chen 于 1976 年提出的实体-联系方法（entity-relation approach，E-R 方法）。该方法用 E-R 图来描述现实世界的概念模型，E-R 方法也称 E-R 模型。E-R 模型所采用的概念主要有 3 个：实体、属性、联系，在 E-R 图中的表示方法如下。

1）实体：用矩形框表示，框内填写实体名。

2）属性：用椭圆框表示，框内填写属性名，并用无向边将它连接到对应的实体。

3）联系：用菱形框表示，框内填写联系名，并用无向边将它连接到对应的实体，同时在边上注明联系的类型（1:1、1:n、m:n）。

图 4.7 所示为一个有关教师、课程和学生的 E-R 图。

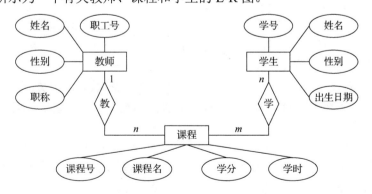

图 4.7　一个有关教师、课程和学生的 E-R 图

4.3　关系数据库

关系数据库是依照关系模型设计的若干二维数据表文件的集合。在 Access 中，一个关系数据库由若干个数据表组成，每个数据表又由若干条记录组成，每条记录由若干个数据项组成。一个关系的逻辑结构就是一个二维表。这种用二维表的形式表示实体和实体之间联系的数据模型称为关系数据模型。

4.3.1　关系相关术语

关系是建立在数学集合概念基础之上的，是由行和列表示的二维表。

1）关系：一个关系就是一个二维表，每个关系都有一个关系名。在 Access 中，一个关系称为一个数据表。

2）元组：二维表中水平方向的行称为元组，每一行是一个元组。在 Access 中，一行称为一个记录。

3）属性：二维表中垂直方向的列称为属性，每一列有一个属性名。在 Access 中，一列称为一个字段，用来表示关系模型中数据项（即属性）的类型。每个字段由若干个相同类型的数据项组成。在表的第一行给出了各个不同字段的名称，称为字段名；而字段名下面的数据，则称为字段的值。显然，对于同一个字段来说，不同记录的字段值可能不同。

4）域：指表中属性的取值范围。在 Access 中，一个字段的取值范围由字段的数据类型决定。

5）索引：为了加快数据库的访问速度，所建立的一个独立的文件或表格。

6）关键字：关系中一个属性或多个属性的组合，其值能够唯一地标识一个元组。在 Access 中，具有唯一性取值的字段称为关键字段。

7）主码（主关键字）：表中指定的某个属性或属性组合，其值可以唯一确定一个元组。

8）外关键字：关系中的属性或属性组合，并非该关系的关键字，但它们是另一个关系的关键字，称其为该关系的外关键字。

9）关系模式：对关系的描述。一个关系模式对应一个关系的结构，其格式为

关系名（属性名 1，属性名 2，属性名 3，…，属性名 n）

例如，学生情况表的关系模式描述如下：

学生情况表（学号，姓名，性别，出生日期，系别，总分，团员，备注，照片）

应当指出，不是所有的二维表格都能称为关系型数据库。关系型数据库应具备如下几个特点：

1）关系中的每一个数据项都是最基本的数据单位，不可再分。

2）每一列数据项（即字段）属性相同。列数可根据需要而设，各列的次序可左右交换而不影响结果。

3）每一行数据项（即记录）由一个个体事物的各个字段组成。记录彼此独立，可

根据需要输入或删除，各条记录的次序可前后交换而不影响结果。

4）一个二维表表示一个关系，一个二维表中不允许有相同的字段名，也不允许有两条记录完全相同。

4.3.2 关系运算

对关系数据库进行查询时，用户需要设置条件来找到满足要求的数据，这就需要对关系进行一定的关系运算。关系运算的运算对象是关系，运算结果也是关系。关系运算包括两类：一类是传统的集合运算；另一类是专门的关系运算。

1. 传统的集合运算

进行并、差、交、积集合运算的两个关系必须具有相同的关系模式，即结构相同。

（1）并

两个相同结构的关系 R 和 S 的"并"记为 $R \cup S$，其结果是由 R 和 S 的所有元组组成的集合。

（2）差

两个相同结构的关系 R 和 S 的"差"记为 $R-S$，其结果是由属于 R 但不属于 S 的元组组成的集合。简言之，差运算的结果是从 R 中去掉 S 中也有的元组。

（3）交

两个相同结构的关系 R 和 S 的"交"记为 $R \cap S$，其结果是由既属于 R 又属于 S 的元组组成的集合。简言之，交运算的结果是 R 和 S 的共同元组。

（4）广义笛卡儿积

两个分别为 n 列和 m 列的关系 R 和 S 的广义笛卡儿积是一个 $(n+m)$ 列的元组的集合。元组的前 n 列是关系 R 的一个元组，后 m 列是关系 S 的一个元组。若 R 有 k_1 个元组，S 有 k_2 个元组，则关系 R 和关系 S 的广义笛卡儿积有 $k_1 \times k_2$ 个元组，记为 $R \times S$。

2. 专门的关系运算

在关系数据库中，经常需要对关系进行特定的关系运算操作。关系运算包括选择、投影、并、差、笛卡儿积和连接等。本书只对常用关系运算即选择、投影和连接进行介绍。

（1）选择

选择运算是从关系中找出满足条件的记录。选择运算是一种横向的操作，它可以根据用户的要求从关系中筛选出满足一定条件的记录，这种运算可以改变关系表中的记录个数，但不影响关系的结构。

在 SQL 语句中，可以通过条件子句 Where <条件>等实现选择运算。例如，从学生情况表中找出入学总分大于等于 550 分的学生，结果如表 4.1 所示。

表 4.1 入学总分大于等于 550 分的学生

学号	姓名	性别	出生日期	系别	总分	团员	备注	照片
s1101103	米老鼠	男	1993-01-02	02	606	True		Bitmap Image

续表

学号	姓名	性别	出生日期	系别	总分	团员	备注	照片
s1101105	向达伦	男	1992-05-12	03	558	True		Bitmap Image
s1101106	雨宫优子	女	1993-12-12	04	584	True		Bitmap Image
s1101109	蜡笔小新	男	1995-02-15	05	612	True		Bitmap Image
s1101111	黑杰克	男	1993-05-21	06	636	True		Bitmap Image
s1101112	哈利波特	男	1992-10-20	06	598	True		Bitmap Image

（2）投影

投影运算是从关系中选取若干字段组成一个新的关系。投影运算是一种纵向的操作，它可以根据用户的要求从关系中选出若干字段组成新的关系。其关系模式所包含的字段个数往往比原有关系少，或者字段的排列顺序不同。因此，投影运算可以改变关系的结构。

在 SQL 语句中，可以通过输出字段子句实现投影运算。

例如，从学生情况表（学号，姓名，性别，出生日期，系别，总分，团员，备注，照片）关系中选取"学号""姓名""性别""系别"4 个字段，如表 4.2 所示。

表 4.2 投影结果

学号	姓名	性别	系别
s1101101	樱桃小丸子	女	01
s1101102	茵蒂克丝	男	02
s1101103	米老鼠	男	02
s1101104	花仙子	女	03
s1101105	向达伦	男	03
s1101106	雨宫优子	女	04
s1101107	小甜甜	女	01
s1101108	史努比	男	05
s1101109	蜡笔小新	男	05
s1101110	咸蛋超人	男	04
s1101111	黑杰克	男	06
s1101112	哈利波特	男	06

（3）连接

连接运算是将两个关系通过共同的属性名（字段名）连接成一个新的关系。连接运算可以实现两个关系的横向合并，在新的关系中反映出原来两个关系之间的联系。

选择和投影运算都属于单目运算，对一个关系进行操作；而连接运算属于双目运算，对两个关系进行操作。

4.3.3 关系的完整性

数据库系统在运行的过程中，由于数据输入错误、程序错误、使用者的误操作、非法访问等各方面的原因，容易产生数据错误和混乱。为了保证关系中数据的正确性和有效性，需建立数据完整性的约束机制来加以控制。

关系的完整性是指关系中的数据及具有关联关系的数据之间必须遵循的制约条件和依存关系，以保证数据的正确性、有效性和相容性。关系的完整性主要包括实体完整性、域完整性和参照完整性。

1. 实体完整性

实体是关系描述的对象，一条记录是一个实体属性的集合。在关系中用关键字来唯一地标识实体，关键字也就是关系模式中的主属性。实体完整性是指关系中的主属性值不能取空值（NULL）且不能有相同值，保证关系中的记录的唯一性，是对主属性的约束。若主属性取空值，则不可区分现实世界中存在的实体。例如，学生的学号、职工的职工号一定都是唯一的，这些属性都不能取空值。

2. 域完整性

域完整性约束也称为用户自定义完整性约束。它是针对某一应用环境的完整性约束条件，主要反映了某一具体应用所涉及的数据应满足的要求。

域是关系中属性值的取值范围。域完整性是对数据表中字段属性的约束，它包括字段的值域、字段的类型及字段的有效规则等约束，它是由确定关系结构时所定义的字段的属性所决定的。在设计关系模式时，定义属性的类型、宽度是基本的完整性约束。进一步的约束可保证输入数据的合理有效，如性别属性只允许输入"男"或"女"，输入其他字符则认为是无效输入，拒绝接收。

3. 参照完整性

参照完整性是对关系数据库中建立关联关系的数据表之间数据参照引用的约束，也就是对外关键字的约束。准确地说，参照完整性是指关系中的外关键字必须是另一个关系的主关键字有效值，或者是 NULL。

在实际的应用系统中，为减少数据冗余，常设计几个关系来描述相同的实体，这就存在关系之间的引用参照，也就是说一个关系属性的取值要参照其他关系。例如，对学生信息的描述常用以下 3 个关系：

学生（学号，姓名，性别，班级）

课程（课程号，课程名）

成绩（学号，课程号，成绩）

上述关系中，"课程号"不是成绩关系的主关键字，但它是被参照关系（"课程"关系）的主关键字，称为"成绩"关系的外关键字。参照完整性规则规定外关键字可取空值或取被参照关系中主关键字的值。虽然这里规定外关键字"课程号"可以取空值，但按照实体完整性规则，"课程"关系中"课程号"不能取空值，所以"成绩"关系中的"课程号"实际上是不能取空值的，只能取"课程"关系中已存在"课程号"的值。若取空值，关系之间就失去了参照的完整性。

4.4 数据库设计与实施

数据库设计是指对于一个给定的应用环境，构造最优的数据库模式，建立数据库及其应用系统，使之能够有效地存储数据，满足各种用户的应用需求。数据库设计一般分为 6 个步骤。

1）需求分析：准确了解和分析用户需求，包括数据和处理等。

2）概念结构设计：对用户需求进行综合、归纳与抽象，形成一个独立于具体 DBMS 的概念模型。

3）逻辑结构设计：将要领结构转换为某个 DBMS 所支持的数据模型。

概念结构的设计与具体的 DBMS 无关。逻辑结构设计的任务就是将全局 E-R 图转换为具体 DBMS 所支持的逻辑结构。

① E-R 图向关系模型转换。E-R 图向关系模型转换的主要问题是怎样将实体的联系转换为关系模式。一般地，将实体及联系转换为关系模型的关系，偶尔将联系归到相关的实体中，实体的属性转换为关系中的属性。

② 关系视图设计。逻辑设计的另一个重要内容是关系视图的设计，即外模式设计。外模式设计直接面向操作用户，它可以根据用户的需要随时创建。由于外模式与模式是相对独立的，关系视图有如下优点。

a．建立符合用户习惯的视图。例如，属性的命名可以选择符合用户习惯的命名，而逻辑结构中的属性名称并不需要改变。

b．实现用户数据的保密。为不同用户提供不同的用户视图，从而实现数据的保密。例如，学生只能查询学生的相关信息，教师则可以查询学生和教师的信息。

4）物理结构设计：为逻辑数据模型选取一个最适合应用环境的物理结构，包括存储结构和存取方法等。

数据库物理结构指数据库在物理设备上的存储结构与存取方法。数据库系统的物理结构设计的任务是为一个给定的逻辑结构选取一个合适的物理结构。现代的大多数数据库系统已屏蔽了大部分的物理结构。因此，用户参与的物理结构设计并不多。

5）数据库实施：建立数据库，编制与调试应用程序，组织数据入库，并进行调试运行。

数据库实施阶段的主要工作有数据的载入及应用程序的编码和调试。

数据库的设计应尽量与原系统一致，这样有利于数据的输入及系统功能的实现。数据库应用程序的设计应该与数据设计同时进行，因此在载入数据的同时还要调试应用程序。

6）数据库运行和维护：对数据库系统进行评价、调整。

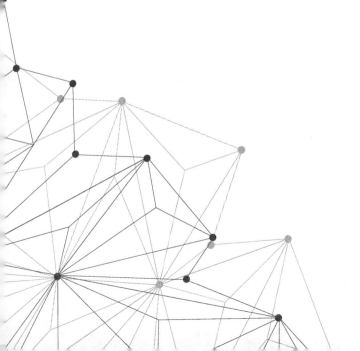

第 2 部分　MS Office 高级应用

　　本部分内容主要介绍全国计算机等级考试二级 MS Office 高级应用考试大纲所涉及的内容，包括 Word、Excel、PowerPoint 3 个模块。Word 部分包括 3 章，即长文档的编辑、文档的修订与共享、通过邮件合并批量处理文档；Excel 部分包括 4 章，即 Excel 公式和函数、使用 Excel 创建图表、分析与处理 Excel 数据、Excel 与其他程序的协同与共享；PowerPoint 部分包括 3 章，即幻灯片中对象的编辑、幻灯片的交互效果设置、幻灯片的播放与共享。

第5章 长文档的编辑

在各种日常生活和办公中，经常需要建立文档，用于创作或记录，如撰写著作、论文、各种文案资料等，文档由文字、符号、图片、表格等各种数据信息组成。使用 Word 2010 建立文档包括向空白页面输入文字、符号，插入图片、表格等各种形式的数据信息，并进行排版。建立时，还要对已添加的数据信息进行修改，并添加新的数据信息，删除无用或出错的数据信息，最后得到令人满意的文档，这一过程就是文档的编辑。

文档刚刚建立时，Word 2010 会提供默认的编辑环境供用户编辑文档。默认的编辑环境设置，如系统自动将输入文字的行间距设置为单倍行距，字体为宋体，字号为五号，字体颜色为黑色等。这种预设的环境通常不能满足每个用户的需要，必须对某些设置进行更改。

5.1 定义并使用样式

样式为我们在 Word 文档中设置字体和段落格式提供了极大的方便，样式是文档格式和段落格式等属性的集合。一种样式包含规定好的多种格式的设置。例如，要求文档中某一段文字的行间距是 1.3 倍行距，字体为宋体，字号为 5 号字，加粗且倾斜。在输入文字后，不必逐项进行设置，可将该组设置事先定义为一个样式，并在指定的文字上应用该样式，即可将该段文字的样式设置为指定的形式。并且，可以根据需要对已经定义好的样式进行修改。

5.1.1 新建样式

Word 2010 自带了许多事先定义好的内置样式，如果这些样式能够满足用户建立和编辑文档的需要，则输入文字后，可直接应用它们。如果不能满足要求，则用户可建立和使用自己定义的样式，即新建样式。新建样式的具体操作步骤如下：

1）打开被编辑的文档。

2）单击"开始"选项卡"样式"选项组右下角的对话框启动器，如图 5.1 所示，打开"样式"窗格，如图 5.2 所示。

图 5.1 "样式"选项组

3）单击"样式"窗格中的"新建样式"按钮，打开"根据格式设置创建新样式"对话框，如图 5.3 所示。

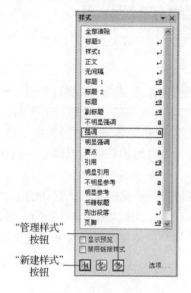

"管理样式"按钮

"新建样式"按钮

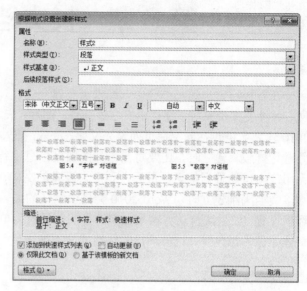

图 5.2 "样式"窗格　　　　图 5.3 "根据格式设置创建新样式"对话框

4）对于每一个新建样式，要为它命名，用来唯一地区分不同的样式。例如，图 5.1 中的"标题 1"、"标题 2"和"标题 3"表示 3 种不同的样式。在图 5.3 的"名称"文本框中输入新建样式的名称；在"样式类型"下拉列表中选择新建样式的类型，表明使用该样式时，该样式是作用于段落，还是作用于字符、链接段落和字符、表格或列表；在"样式基准"下拉列表中选择一种 Word 内置样式作为新建样式的基准样式，被选中的基准样式将显示在"格式"选项组中，可以对其中的每一项进行修改，以符合用户的要求，通常会选择更改最少的内置样式作为基准；在"后续段落样式"下拉列表中选择应用于后续段落的样式，当用户按【Enter】键输入下一段落文字时，该段落的样式将自动应用在"后续段落样式"下拉列表中选择的样式。

5）在基准样式的基础上，将"格式"选项组的每一项更改为希望的格式，如更改字体、字号、颜色、段落间距、对齐方式等的字符格式和段落格式。也可以单击图 5.3 左下角的"格式"下拉按钮，在弹出的下拉列表中选择"字体"选项，在打开的图 5.4 所示的"字体"对话框中对字体格式进行设置；或在弹出的下拉列表中选择"段落"选项，在打开的图 5.5 所示的"段落"对话框中对段落格式进行设置，然后单击"确定"按钮将新设置的字体或段落格式包含于新建样式中。

6）单击"确定"按钮，完成新样式的创建。新建样式的名称将出现在图 5.1 所示的"样式"选项组中。使用时，选中要设置为该样式的文本，然后在"样式"选项组中选中该样式即可。

图 5.4　"字体"对话框 　　　　　　图 5.5　"段落"对话框

5.1.2　修改样式

用户可以随时根据需要，对效果不满意的样式进行修改。修改样式的具体操作步骤如下：

1）单击"开始"选项卡"样式"选项组右下角的对话框启动器，打开"样式"窗格，如图 5.2 所示。

2）单击"管理样式"按钮，打开"管理样式"对话框，如图 5.6 所示。

3）在"编辑"选项卡中，选择要修改的样式，再单击"修改"按钮，如选中"副标题"样式（表明要对名称为"副标题"的样式进行修改），再单击"修改"按钮，在打开的"修改样式"对话框中进行修改，如图 5.7 所示。

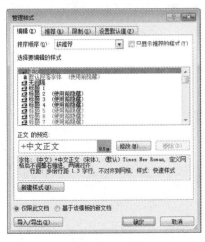

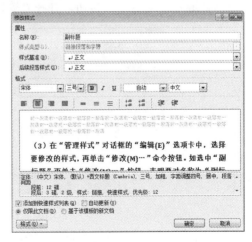

图 5.6　"管理样式"对话框 　　　　　图 5.7　"修改样式"对话框

4）修改完成后，依次单击"确定"按钮即可。

此外，用户还可以在 Word 2010 的快速样式库中选择要修改的样式进行修改，具体操作步骤如下：

1）单击"开始"选项卡"样式"选项组中的"其他"下拉按钮，如图 5.1 所示，展开快速样式库，如图 5.8 所示。

2）右击要修改的样式，在弹出的快捷菜单中选择"修改"选项，如图 5.9 所示。例如，要修改名称为"副标题"的样式，则右击"副标题"样式，在弹出的快捷菜单中选择"修改"选项，打开"修改样式"对话框。

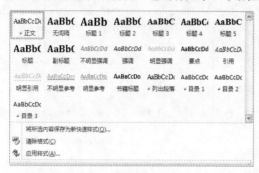

图 5.8　快速样式库

图 5.9　选择"修改"选项

3）修改完成后，单击"确定"按钮即可。

5.1.3　导入/导出样式

如果有其他文档包含用户正在编辑的文档要使用的样式，则可以将其他文档的样式导入当前正在编辑的文档中进行使用，而不必重新定义。导入样式的具体操作步骤如下：

1）单击"开始"选项卡"样式"选项组右下角的对话框启动器，打开"样式"窗格，如图 5.2 所示。

2）单击"管理样式"按钮，打开"管理样式"对话框，如图 5.6 所示。

3）单击"导入/导出"按钮，打开"管理器"对话框，如图 5.10 所示。

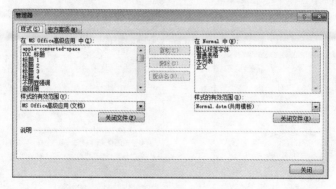

图 5.10　"管理器"对话框

4）选择"样式"选项卡。其中，左侧列表框中是正在编辑文档的样式；右侧列表框中是要导入的样式，它们包含于另一文档。单击右侧的"关闭文件"按钮，该按钮将变为"打开文件"按钮，如图 5.11 所示。

图 5.11　"管理器"对话框（打开文件）

5）单击"打开文件"按钮，打开"打开"对话框，如图 5.12 所示，选择包含要导入样式的文档，如选中"新建 Microsoft Word 文档"。

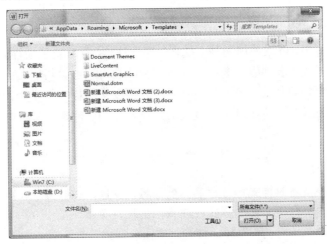

图 5.12　"打开"对话框

6）单击"打开"按钮，加载被选中的文档所包含的样式，如图 5.13 所示。

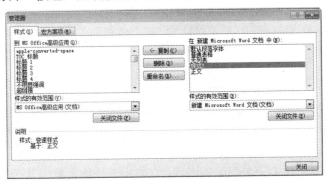

图 5.13　加载被选中文档所包含的样式

7）在右侧列表中选择要导入当前编辑文档的样式，如选中"样式 1"样式，单击"复制"按钮，将所选样式导入用户正在编辑的文档中，如图 5.14 所示，单击"关闭"按钮。

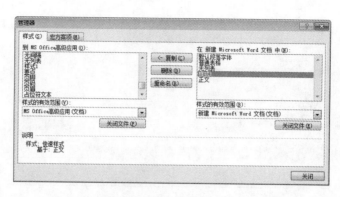

图 5.14 选中并导入样式

当然,"样式"选项卡左侧列表框中的文档样式也可以导入右侧列表框对应的文档中。两侧可根据需要分别加载不同文档的样式,使彼此能够导入对方的样式。

5.1.4 应用样式

对于样式的应用,可以使用两种方法,一种方法是,打开要应用样式的文档,在"开始"选项卡的"样式"选项组中选中要应用的样式。可单击"其他"下拉按钮,通过快速样式库来应用更多的样式。另一种方法是,打开要应用样式的文档,单击"开始"选项卡"样式"选项组右下角的对话框启动器,在打开的"样式"窗格中双击所需的样式来完成应用。

5.1.5 重命名样式

可以根据需要重新对样式进行命名。重命名主要包括 2 种方法。第一种方法是,在快速样式库中右击要修改名称的样式,在弹出的快捷菜单(图 5.9)中选择"重命名"

图 5.15 "重命名样式"对话框

选项,打开"重命名样式"对话框,如图 5.15 所示。在该对话框中输入新名称,单击"确定"按钮即可。第二种方法是,在"样式"窗格中右击要重命名的样式,在弹出的快捷菜单中选择"修改"选项,打开图 5.7 所示的"修改样式"对话框,在"名称"文本框中输入新名称,单击"确定"按钮即可。

5.1.6 删除样式

对于不再使用的样式,可进行删除,主要包括两种方法。一种方法是,在快速样式库中右击要删除的样式,在弹出的快捷菜单中选择"从快速样式库中删除"选项,则选中的样式将被删除,但它在样式库中仍然存在。要想把样式彻底删除,需要使用另一种方法:在"样式"窗格中右击要删除的样式,在弹出的快捷菜单中选择"删除'样式名'"选项,即可删除选中的样式。

📎 **注意:**

Word 2010 提供的标准样式库中的样式不允许用户删除。

5.1.7　更新样式

Word 文档的样式更新主要指将具有某一种样式的全部内容应用选定内容的样式。更新主要针对快速样式库和样式库中给定的样式。更新样式的具体操作步骤如下：

1）对于正在编辑的文档中具有样式 A（如标题 1）的全部内容，如果要将其样式 A 转换为样式 B（如标题 2），则选中具有样式 B 的任意文本内容。

2）在快速样式库或样式库中右击样式 A，弹出快捷菜单，如图 5.9 所示。

3）选择"更新 A 以匹配所选内容"选项，即可实现由样式 A 到样式 B 的更新。

5.1.8　使用样式集

样式库包含的所有样式的集合便构成了样式集。Word 2010 自带许多已经设计好的样式集，称为内置样式集，用户可以根据需要使用其中的任意一个样式集来代替目前正在使用的样式集（称为活动样式集），实现对样式的更改。使用样式集更改样式的具体操作步骤如下：

1）单击"开始"选项卡"样式"选项组中的"更改样式"下拉按钮，在弹出的下拉列表中选择"样式集"选项，弹出级联菜单，如图 5.16 所示。

2）选择要更改的样式集，即可完成样式的更改。

【例 5-1】按照下述要求在文档"素材\实例\Word.docx"中完成各项有关样式建立和使用的操作。

图 5.16　"样式集"级联菜单

1）建立新样式，命名为"标题 1，标题样式一"；格式为中文宋体、西文 Times New Roman、二号、加粗、段前 20 磅、段后 20 磅、1.3 倍行距、居中对齐。

2）修改名称为"正文"的样式，格式为中文宋体、西文 Times New Roman、五号、段前 0 行、段后 0 行、1.3 倍行距、两端对齐。

3）将文档"素材\实例\Word_样式标准.docx"样式库中的样式"标题 2，标题样式二"和"标题 3，标题样式三"导入该文档样式库。再将这两个样式从该文档的样式库中导出到文档"素材\实例\Word 1.docx"的样式库中。

4）将样式为"一级标题"、"二级标题"和"三级标题"的所有文本分别更新为"标题 1，标题样式一"、"标题 2，标题样式二"和"标题 3，标题样式三"。

5）将"标题 1，标题样式一"、"标题 2，标题样式二"和"标题 3，标题样式三"分别重新命名为"章标题"、"节标题"和"小节标题"。

6）将名称为"标题"的样式从快速样式库中移除，并从样式库中彻底删除。

7）将当前的活动样式集更改为"流行"样式集。

操作实现：

1）打开"素材\实例\Word.docx"文档，单击"开始"选项卡"样式"选项组右下角的对话框启动器，打开"样式"对话框。单击"新建样式"按钮，打开"根据格式设置创建新样式"对话框，在"名称"文本框中输入"标题 1，标题样式一"。单击左下角的"格式"下拉按钮，在弹出的下拉列表中选择"字体"选项，打开"字体"对话框。在"字体"选项卡的"中文字体"下拉列表中选择"宋体"选项，在"西文字体"下拉列表中选择"Times New Roman"选项，在"字号"列表框中选择字号 "二号"，在"字形"列表框中选择"加粗"选项，单击"确定"按钮，返回"根据格式设置创建新样式"对话框；再次单击"格式"下拉按钮，在弹出的下拉列表中选择"段落"选项，打开"段落"对话框。选择"缩进和间距"选项卡，在"间距"选项组中的"段前"和"段后"两个数值框中输入"20 磅"，在"行距"下拉列表中选择"多倍行距"选项，在"设置值"数值框中输入 1.3，在"对齐方式"下拉列表中选择"居中"选项，然后依次单击"确定"按钮即可。

2）单击"开始"选项卡"样式"选项组右下角的对话框启动器，打开"样式"。单击"管理样式"按钮，打开"管理样式"对话框，选择"编辑"选项卡，在"选择要编辑的样式"列表框中选择"正文"样式，单击"修改"按钮，打开"修改样式"对话框。单击左下角的"格式"下拉按钮，在弹出的下拉列表中选择"字体"选项，打开"字体"对话框。在"字体"选项卡的"中文字体"下拉列表中选择"宋体"选项，在"西文字体"下拉列表中选择"Times New Roman"选项，在"字号"列表框中选择字号"五号"，单击"确定"按钮，返回"修改样式"对话框。再次单击"格式"下拉按钮，在弹出的下拉列表中选择"段落"选项，打开"段落"对话框。选择"缩进和间距"选项卡，在"段前"和"段后"两个数值框中输入或微调至 0 行，在"行距"下拉列表中选择"多倍行距"选项，在"设置值"数值框中输入 1.3，在"对齐方式"下拉列表中选择"两端对齐"选项，然后依次单击"确定"按钮即可。

3）单击"开始"选项卡"样式"选项组右下角的对话框启动器，打开"样式"。单击"管理样式"按钮，打开"管理样式"对话框，单击左下角的"导入/导出"按钮，打开"管理器"对话框，其左侧列表框为当前文档"素材\实例\Word.docx"的样式。

在"管理器"对话框中，单击右侧的"关闭文件"按钮，使其变为"打开文件"按钮，然后单击"打开文件"按钮，在打开的"打开"对话框中选择文档"素材\实例\Word_样式标准.docx"，加载其样式于对话框右侧的列表框，分别选择"标题 2，标题样式二"和"标题 3，标题样式三"两个样式，单击"复制"按钮，将这两个样式从"素材\实例\Word_样式标准.docx"中导入当前文档。

此时，对话框右侧的"打开文件"按钮还原为"关闭文件"按钮，单击"关闭文件"按钮，使其变为"打开文件"按钮并单击，在打开的"打开"对话框中选择文档"素材\实例\Word 1.docx"以加载其样式集，并从左侧列表框的当前文档样式集中分别选择"标题 2，标题样式二"和"标题 3，标题样式三"两个样式，单击"复制"按钮，将这两个样式从当前文档导出到"素材\实例\Word 1.docx"中。

4）选中已经设置为样式"标题 1，标题样式一"的任意文本内容，在快速样式库或样式库中右击"一级标题"样式，在弹出的快捷菜单中选择"更新 一级标题 以匹配所选内容"选项。使用相同的方法将具有"二级标题"和"三级标题"样式的全部内容分别更新为"标题 2，标题样式二"和"标题 3，标题样式三"即可。

5）选中具有"标题 1，标题样式一"样式的任意文本内容，在快速样式库或样式库中右击"标题 1，标题样式一"样式，在弹出的快捷菜单中选择"重命名"选项，在打开的"重命名样式"对话框的"请键入该样式的新名称"文本框中输入"章标题"，单击"确定"按钮即可。使用相同的方法将"标题 2，标题样式二"和"标题 3，标题样式三"重新命名为"节标题"和"小节标题"即可。

6）单击"开始"选项卡"样式"选项组右下角的对话框启动器，打开"样式"窗格，右击名称为"标题"的样式，在弹出的快捷菜单中选择"删除'标题'"选项，弹出询问"是否从文档中删除样式标题？"的提示框，单击"是"按钮即可。此时，该样式也从快速样式库中被自动删除。

7）单击"开始"选项卡"样式"选项组中的"更改样式"下拉按钮，在弹出的下拉列表中选择"样式集"选项，在弹出的级联菜单中选择"流行"选项即可。

5.2　文档的分栏处理

通常情况下，Word 文档的分栏操作常用于报纸、杂志、论文等的排版，从而使其版式更加多元化、整洁和清晰。

1．文档分栏

默认情况下，用户所建立的 Word 文档只划分为一栏。用户可根据需要，将文档分为两栏、三栏等多栏。对文档进行分栏的具体操作步骤如下：

1）选中要进行分栏处理的文本内容。

2）单击"页面布局"选项卡"页面设置"选项组中的"分栏"下拉按钮，如图 5.17 所示，弹出的下拉列表如图 5.18 所示。

图 5.17　"页面布局"选项卡

3）可选择"一栏"、"两栏"、"三栏"、"偏左"或"偏右"等选项，将文档布局设置为对应的形式。若要划分为更多栏或进行更多的细微设置，可以选择"更多分栏"选项，打开"分栏"对话框，如图 5.19 所示。

图 5.18　"分栏"下拉列表

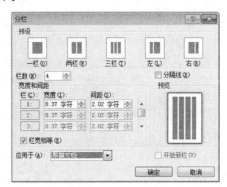

图 5.19　"分栏"对话框

4）在"栏数"数值框中输入或微调至要划分的栏数，如分为 4 栏。"分隔线"复选框用来决定是否在每两栏之间增加分隔线。"宽度和间距"选项组用来确定每一栏的宽度和栏与栏之间的距离。"栏宽相等"复选框用来决定每一栏的宽度和栏与栏之间的间距是否采用统一的设置规格。在"应用于"下拉列表中选择"整篇文档"或"插入点之后"选项来决定本次分栏设置是应用于整篇文档还是从光标所在位置开始的其余内容。

5）设置完成后，单击"确定"按钮。

【例 5-2】将"素材\实例\Word.docx"文档的第 6 段进行分栏，要求：分为 4 栏，栏与栏之间有分隔线，每一栏的宽度均为 8.37 字符，第 2、3 两栏的间距为 3 字符，其余部分的栏间距采用默认设置。

操作实现：

1）打开"素材\实例\Word.docx"文档，选中第 6 段文本。

2）单击"页面布局"选项卡"页面设置"选项组中的"分栏"下拉按钮，在弹出的下拉列表中选择"更多分栏"选项，打开"分栏"对话框。

3）在"栏数"数值框中输入或微调至 4，表明将第 6 段划分为 4 栏；选中"分隔线"复选框；在"宽度和间距"选项组中取消选中"栏宽相等"复选框；在"栏"号为 2 的"间距"数值框中输入或微调至"3 字符"，每栏的"宽度"数值框均输入或微调至"8.37 字符"。

4）单击"确定"按钮，完成设置。

2. 插入分栏符

分栏符的作用是将从光标位置开始的全部内容从下一栏进行显示。插入分栏符的具体操作步骤如下：

1）将光标移动到要插入分栏符的位置。

2）单击"页面布局"选项卡"页面设置"选项组中的"分隔符"下拉按钮，在弹出的下拉列表中（图 5.20）选择"分栏符"选项即可。

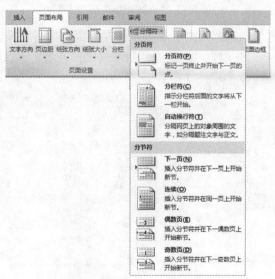

图 5.20 "分隔符"下拉列表

【例 5-3】在例 5-2 中，在第 6 段之后插入分栏符，使第 7 段从下一栏开始显示。

操作实现：

1）打开"素材\实例\Word.docx"文档，并将光标移动到第 6 段末尾。

2）单击"页面布局"选项卡"页面设置"选项组中的"分隔符"下拉按钮，在弹出的下拉列表中选择"分栏符"选项即可。

5.3　文档的分页处理

对文档进行分页处理的目的是使文档某一页内容结束，下一页内容开始。用户需要插入分页符实现手动分页，具体操作步骤如下：

1）将光标移动到要在下一页显示的内容前端。

2）单击"页面布局"选项卡"页面设置"选项组中的"分隔符"下拉按钮，在弹出的下拉列表中选择"分页符"选项即可。

【例 5-4】在"素材\实例\Word.docx"文档中，将标题放在单页显示。

操作实现：

1）打开"素材\实例\Word.docx"文档，将光标移动到标题的末端。

2）单击"页面布局"选项卡"页面设置"选项组中的"分隔符"下拉按钮，在弹出的下拉列表中选择"分页符"选项即可。

5.4　文档的分节处理

在建立一个文档时，对于文档的不同部分，有时需要设置成不同的版面，如要设置不同的页面方向、页眉、页脚、页边距等。被设置成不同版面的每一部分称为一节。在文档中插入分节符，将文档划分为若干节，再实现对每一节的不同版面设置。插入分节符的具体操作步骤如下：

1）将光标移动到文档中要分节的位置。

2）单击"页面布局"选项卡"页面设置"选项组中的"分隔符"下拉按钮，弹出的下拉列表如图 5.20 所示，根据需要选择"下一页""连续""偶数页""奇数页"4 种分节符中的一种即可。

4 种分节符的作用如下：

1）下一页：后一节被移到新的页面。

2）连续：后一节仍从光标位置处开始。

3）偶数页：后一节从当前页面（光标所在页面）之后的第一个偶数页面开始。

4）奇数页：后一节从当前页面（光标所在页面）之后的第一个奇数页面开始。

如果要把划分出来的某一节设置成与其他节不同的版面，需要单击"页面布局"选项卡"页面设置"选项组右下角的对话框启动器，打开"页面设置"对话框，如图 5.21 所示，在"应用于"下拉列表中选择"本节"选项，并对本节进行不同于其他节的页面设置，完成后单击"确定"按钮即可。

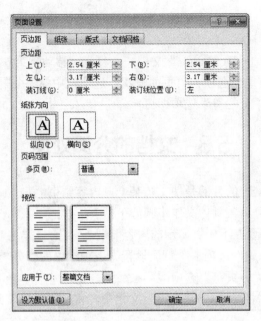

图 5.21　"页面设置"对话框

【例 5-5】在"素材\实例\Word.docx"文档中，对每一章实现分节显示。

操作实现：

1）打开"素材\实例\Word.docx"文档，对每一章按照下列步骤进行操作。

2）将光标移动到标题的前端。

3）单击"页面布局"选项卡"页面设置"选项组中的"分隔符"下拉按钮，在弹出的下拉列表中选择"下一页"选项即可。

5.5　设置页眉和页脚

页眉和页脚用于显示文档的附加信息，如时间、日期、页码、单位名称、徽标等。这些信息通常添加在每页的顶部或底部，可对文档的阅读起到很好的提示作用。其中，页眉位于页面的顶部，页脚位于页面的底部。

5.5.1　建立页眉和页脚

要在页眉或页脚插入和显示信息，首先要向页面中插入页眉或页脚。插入页眉的具体操作步骤如下：

1）单击"插入"选项卡"页眉和页脚"选项组中的"页眉"下拉按钮，如图 5.22 所示，弹出的下拉列表如图 5.23 所示。

图 5.22　"插入"选项卡

2）如果 Word 2010 的内置页眉中有符合要求的样式，则单击该样式，插入页眉，再在页眉中编辑信息；如果不选择任何内置页眉而要直接编辑，则选择"编辑页眉"选项，插入页眉后，再进行编辑。

插入页脚的具体操作步骤如下：

1）单击"插入"选项卡"页眉和页脚"选项组中的"页脚"下拉按钮，弹出的下拉列表如图 5.24 所示。

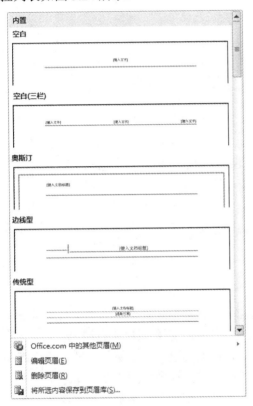

图 5.23 "页眉"下拉列表   图 5.24 "页脚"下拉列表

2）同样，如果 Word 2010 的内置页脚中有要使用的样式，则单击该样式，插入页脚，再在页脚中编辑信息；如果不选择任何内置页脚而要直接编辑，则选择"编辑页脚"选项，插入页脚后，再进行编辑。

下拉列表中的"删除页眉"和"删除页脚"选项分别用于删除当前插入的页眉和页脚；"将所选内容保存到页眉库"和"将所选内容保存到页脚库"选项分别用于将文档中选定的内容保存到页眉库和页脚库，作为常规页眉或页脚，显示在下拉列表的内置页眉和页脚的前端，它与内置页眉和页脚相同，也用于插入页眉或页脚。

用户在下拉列表中选择某一个常规页眉、内置页眉或选择"编辑页眉"选项后，将打开"页眉和页脚工具-设计"选项卡，如图 5.25 所示。

图 5.25 "页眉和页脚工具-设计"选项卡

其中，每个选项组中各选项的作用如下。

1）"页眉和页脚"选项组。

① 页眉：插入页眉。

② 页脚：插入页脚。

③ 页码：插入页码。

2）"插入"选项组。

① 日期和时间：在页眉或页脚中插入时间。

② 文档部件：在页眉或页脚插入可重复使用的文档片段，其中包括自动图文集、文档属性和域。

③ 图片：在页眉或页脚中插入图片。

④ 剪贴画：在页眉或页脚中插入剪贴画。

3）"导航"选项组。

① 转至页眉：转至页眉进行编辑。

② 转至页脚：转至页脚进行编辑。

③ 上一节：如果当前正处于页眉编辑状态，则跳转至上一节第一页的页眉进行编辑；如果当前正处于页脚编辑状态，则跳转至上一节第一页的页脚进行编辑。

④ 下一节：如果当前正处于页眉编辑状态，则跳转至下一节第一页的页眉进行编辑；如果当前正处于页脚编辑状态，则跳转至下一节第一页的页脚进行编辑。

⑤ 链接到前一条页眉：高亮显示时，表示本节页眉与前一节页眉设置保持一致。此时，单击该按钮，变为非高亮显示，表示本节与前一节页眉设置是分开的，可根据需要编辑不同于前一节页眉的信息。单击该按钮，可在两种状态之间切换。

4）"选项"选项组。

① 首页不同：设置文档的第一页页眉或页脚不同于其他页的页眉或页脚。

② 奇偶页不同：设置文档奇数页的页眉或页脚不同于偶数页的页眉或页脚。

③ 显示文档文字：设置编辑页眉或页脚时，是否显示文档文字。

5）"位置"选项组。

① 页眉顶端距离：调节页眉顶端距页面顶端的距离。

② 页脚底端距离：调节页脚底端距页面底端的距离。

③ 插入"对齐方式"选项卡：设置页眉或页脚信息的对齐方式。

6）"关闭页眉和页脚"选项组：关闭页眉或页脚编辑状态。

5.5.2 插入页码

在文档中插入页码的具体操作步骤如下：

1）单击"插入"选项卡"页眉和页脚"选项组中的"页码"下拉按钮，弹出的下拉列表如图 5.26 所示。其中，选择"页面顶端"、"页面底端"、"页边距"和"当前位置"选项的作用分别是，在文档的页面顶端、页面底端、左或右页边距和光标位置处插入页码。

图 5.26　"页码"下拉列表

2）选择上面 4 项中的任意一项，将弹出级联菜单，以"页面顶端"选项为例，级联菜单如图 5.27 所示，其中包含 Word 2010 的内置页码样式，用户可根据需要选择一种页码样式。

3）再次单击"插入"选项卡"页眉和页脚"选项组中的"页码"下拉按钮，在弹出的下拉列表中选择"设置页码格式"选项，在打开的"页码格式"对话框中设置页码格式，如图 5.28 所示。

① "编号格式"下拉列表用于选择页码的编号格式。

② "包含章节号"复选框如果被选中，则页码中包含所在的章节号。

③ "页码编号"选项组中，如果选中"续前节"单选按钮，则当前节的起始页码与前一节最后一页的页码连续编号；如果选中"起始页码"单选按钮，则当前节的页码从设置的页码开始连续编号。

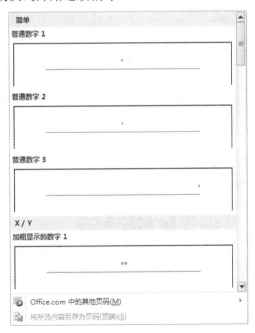

图 5.27　"页面顶端"级联菜单

图 5.28　"页码格式"对话框

4）单击"确定"按钮，即可完成页码的设置。

【例 5-6】为"素材\实例\Word.docx"文档添加页眉和页脚，要求：奇数页页眉自动显示包含奇数页章节的章标题；偶数页页眉自动显示通篇 Word 文档的标题；奇数页页脚右对齐显示页码；偶数页页脚左对齐显示页码。

操作实现：

1）打开"素材\实例\Word.docx"文档，双击文档页眉或页脚区域，进入页眉、页脚的编辑状态。

2）选中"页眉和页脚工具-设计"选项卡"选项"选项组中的"首页不同"和"奇偶页不同"两个复选框。

3）设置奇数页页眉。将光标定位于奇数页的页眉处，单击"插入"选项卡"文本"选项组中的"文档部件"下拉按钮，在弹出的下拉列表中选择"域"选项，打开"域"对话框，分别将"类别"、"域名"和"域属性"设置为"链接和引用"、"StyleRef"和"标题1，章标题"，再单击"确定"按钮。

4）设置偶数页页眉。将光标定位于偶数页的页眉处，单击"插入"选项卡"文本"选项组中的"文档部件"下拉按钮，在弹出的下拉列表中选择"域"选项，打开"域"对话框，分别将"类别"、"域名"和"域属性"设置为"链接和引用"、"StyleRef"和"文档标题"，再单击"确定"按钮。

5）设置奇数页页脚。将光标定位于奇数页页脚处，单击"插入"选项卡"页眉和页脚"选项组中的"页码"下拉按钮，在弹出的下拉列表中选择"设置页码格式"选项，打开"页码格式"对话框。选中"起始页码"单选按钮并将其设置为1，单击"确定"按钮，关闭"页码格式"对话框。再次单击"插入"选项卡"页眉和页脚"选项组中的"页码"下拉按钮，在弹出的下拉列表中选择"页面底端"→"普通数字"选项，插入页码。选中插入的页码，单击"开始"选项卡"段落"选项组右下角的对话框启动器，打开"段落"对话框，在"缩进和间距"选项卡中将"对齐方式"设置为"右对齐"，单击"确定"按钮即可。

6）设置偶数页页脚。将光标定位于偶数页页脚处，单击"插入"选项卡"页眉和页脚"选项组中的"页码"下拉按钮，在弹出的下拉列表中选择"页面底端"→"普通数字"选项，插入页码。选中插入的页码，单击"开始"选项卡"段落"选项组右下角的对话框启动器，打开"段落"对话框，在"缩进和间距"选项卡中将"对齐方式"设置为"左对齐"，单击"确定"按钮即可。

5.6　项目符号、编号和多级列表

在文档中使用项目符号、编号和多级列表，能够使文档中的内容条理清晰、层次分明，增强文档的可读性。

5.6.1　添加和更改项目符号和编号

添加项目符号和编号是以文本的段落为单位进行的，即为选中的每一个段落分别添加一个项目符号或编号，具体操作步骤如下：

1）选中要添加项目符号或编号的段落文本。

2）单击"开始"选项卡"段落"选项组中的"项目符号"下拉按钮或"编号"下拉按钮，如图 5.29 所示，弹出的下拉列表分别如图 5.30 和图 5.31 所示。

图 5.29 "开始"选项卡

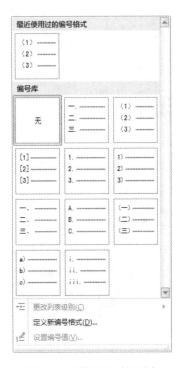

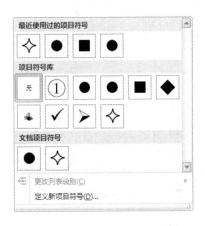

图 5.30 "项目符号"下拉列表　　　　　图 5.31 "编号"下拉列表

3）从"项目符号库"或"编号库"中选择一种项目符号或编号添加到每一段的段首。

如果要更改已经添加的项目符号或编号，可按照上面的操作步骤重新选择项目符号或编号即可。

5.6.2　定义和使用多级列表

用户编辑文档时，可通过加入多级列表编号，将文档划分为多级列表，从而更加清晰地标明文档中段落之间的层次关系。定义多级列表的具体操作步骤如下：

1）单击"开始"选项卡"段落"选项组中的"多级列表"下拉按钮，弹出的下拉列表如图 5.32 所示。

2）选择"定义新的多级列表"选项，打开"定义新多级列表"对话框，如图 5.33 所示。

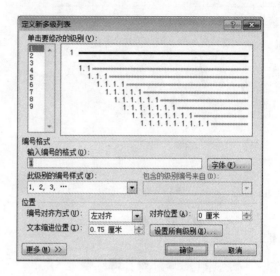

图 5.32 "多级列表"下拉列表　　　　图 5.33 "定义新多级列表"对话框

3）单击"更多"按钮，展开对话框，如图 5.34 所示。

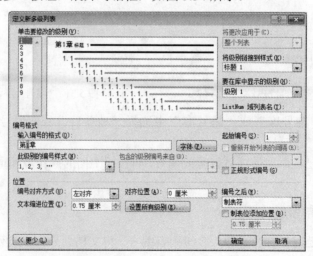

图 5.34 展开的"定义新多级列表"对话框

4）根据需要设置新的多级列表。例如，要将第 1 级别列表的编号格式设置为"第×章"，并将该级别的列表应用于文档中所有样式为"标题 1"的文本。首先，选择"单击要修改的级别"列表框中的序号 1，表明要设置第 1 级别的列表；然后，在"输入编号的格式"文本框中输入"第 1 章"（注意：此处的 1 表示列表的编号格式，可在"此级别的编号样式"下拉列表中选择）；最后，在"将级别链接到样式"下拉列表中选择"标题 1"选项。

5）设置完成后，单击"确定"按钮，即可将定义好的多级列表应用于文档。

同时，用户还可根据需要定义每一级别列表的样式。定义列表样式的具体操作步骤如下：

1）单击"开始"选项卡"段落"选项组中的"多级列表"下拉按钮，弹出的下拉列表如图 5.32 所示。

2）选择"定义新的列表样式"选项，打开"定义新列表样式"对话框，如图 5.35 所示。

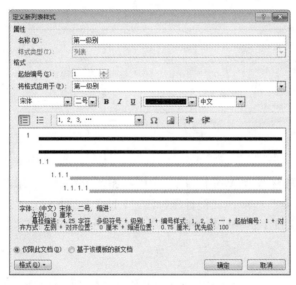

图 5.35　"定义新列表样式"对话框

3）根据需要设置某一级别列表的样式。例如，要定义名称为"第一级别"的新列表样式，要求：中文为宋体、二号，西文为 Times New Roman、二号，并将该样式应用于第一级别列表，起始编号为 1。首先，在"名称"文本框中输入"第一级别"；然后，在"格式"选项组中设置中文字体为"宋体"、字号为"二号"，西文字体为"Times New Roman"、字号为"二号"；最后，在"将格式应用于"下拉列表中选择"第一级别"选项，在"起始编号"数值框中输入或微调至 1。

4）设置完成后，单击"确定"按钮，定义好的列表样式将被应用于文档中的指定级别列表。

定义好的多级列表和列表样式将会显示在"多级列表"下拉列表中，结果分别如图 5.36 和图 5.37 所示。如果用户要使用其他多级列表或列表样式，则可以从下拉列表中进行选择，被选中的多级列表和列表样式将被应用于用户正在编辑的文档。对文档应用多级列表能够使文档的内容在结构上层次分明、条理清晰，不会因内容过多而导致阅读混乱，从而方便用户阅读和理解文档。

图 5.36　显示定义好的多级列表样式　　　　图 5.37　显示定义好的列表样式

【例 5-7】为"素材\实例\Word.docx"文档添加多级列表，要求在左侧：一级标题标注"第 1 章""第 2 章"……；二级标题标注"1.1""1.2"……，"2.1""2.2"……；三级标题标注"1.1.1""1.1.2"……，"1.2.1""1.2.2"……，"2.1.1""2.1.2"……，"2.2.1""2.2.2"……。

操作实现：

1）打开"素材\实例\Word.docx"文档，单击"开始"选项卡"段落"选项组中的"多级列表"下拉按钮。

2）在弹出的下拉列表中选择"定义新的多级列表"选项，打开"定义新多级列表"对话框。

3）单击"更多"按钮，展开对话框。首先，在"单击要修改的级别"列表框中选择级别 1，在"输入编号的格式"文本框中已给定的章序号 1 侧分别输入"第"和"章"两个字，表明要在一级标题左侧标注"第 1 章""第 2 章"……，在"将级别链接到样式"下拉列表中选择"标题 1"选项；然后，在"单击要修改的级别"列表框中选择级别 2，"输入编号的格式"文本框已给定节序号"1.1"，表明要在二级标题的左侧标注"1.1""1.2"……、"2.1""2.2"……，在"将级别链接到样式"下拉列表中选择"标题 2"选项，表明二级列表应用于样式"标题 2"；接着，在"单击要修改的级别"列表框中选择级别 3，"输入编号的格式"文本框中已给定小节序号"1.1.1"，表明与二级节序号相类似，要在文档的三级标题左侧标注"1.1.1""1.1.2"……、"1.2.1""1.2.2"……、"2.1.1""2.1.2"……、"2.2.1""2.2.2"……，在"将级别链接到样式"下拉列表中选择"标题 3"

选项。

4）单击"确定"按钮，完成多级列表的定义。此时，定义的多级列表将会显示在下拉列表中。

5）单击"开始"选项卡"段落"选项组中的"多级列表"下拉按钮，在弹出的下拉列表中选择定义的多级列表即可。

5.7　编辑文档目录

目录是长文档不可或缺的部分，为长文档建立目录的主要目的是为文档的章节标题建立索引，方便用户查找和阅读文档的内容。当用户单击目录中的某一章节标题时，文档将会自动跳转到与该章节标题相对应的文档内容处，提供给用户阅读和查看。

5.7.1　创建目录

为文档创建目录的具体操作步骤如下：

1）将光标移动到要创建目录的页面中的指定位置。

2）单击"引用"选项卡"目录"选项组中的"目录"下拉按钮，如图 5.38 所示，弹出的下拉列表如图 5.39 所示。

图 5.38　"引用"选项卡

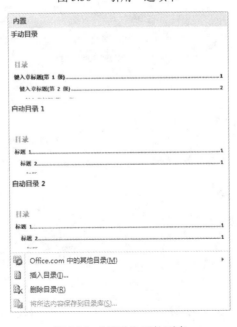

图 5.39　"目录"下拉列表

3）在弹出的下拉列表中：

① 可从 Word 2010 的内置目录库中选择所要创建的目录样式，如"手动目录""自动目录 1""自动目录 2"。

② 也可根据需要创建自定义目录。此时，选择下拉列表中的"插入目录"选项，打开"目录"对话框，如图 5.40 所示。在"目录"对话框中可以设置页码格式、目录格式和目录标题的显示级别，系统默认显示到三级标题。单击"选项"按钮，打开"目录选项"对话框，如图 5.41 所示。在"有效样式"列表框中可以指定每种样式的显示级别，单击"确定"按钮，返回"目录"对话框。在"目录"对话框中单击"修改"按钮，打开"样式"对话框，如图 5.42 所示。在"样式"列表框中选择要修改的目录样式，如修改"目录 1"，单击"修改"按钮，打开"修改样式"对话框，即可修改目录样式，如图 5.43 所示。修改完成后，依次单击"确定"按钮即可。

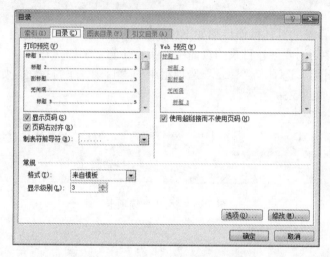

图 5.40 "目录"对话框

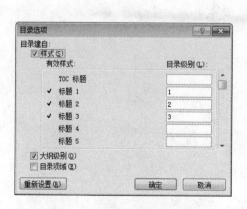

图 5.41 "目录选项"对话框

图 5.42 "样式"对话框

图 5.43　"修改样式"对话框

5.7.2　更新目录

当文档内容发生变化，需要重新建立目录来匹配文档，这就涉及对文档的目录进行更新。更新目录的具体操作步骤如下：

1）单击"引用"选项卡"目录"选项组中的"更新目录"按钮，或者在文档的目录区域右击，在弹出的快捷菜单中选择"更新域"选项（图 5.44），均可打开"更新目录"对话框，如图 5.45 所示。

图 5.44　目录快捷菜单　　　　图 5.45　"更新目录"对话框

2）根据需要选中"只更新页码"或"更新整个目录"单选按钮。

3）单击"确定"按钮，完成目录的更新操作。

【例 5-8】为"素材\实例\Word.docx"文档创建目录。

操作实现：

1）打开"素材\实例\Word.docx"文档，在第 1 页和第 2 页之间插入一页空白页，并将光标定位在空白页。

2）单击"引用"选项卡"目录"选项组中的"目录"下拉按钮，在弹出的下拉列表中可选择 Word 2010 的内置目录结构，如选择"自动目录 1"选项创建目录；或选择"插入目录"选项，打开"目录"对话框，通过设置相应的选项来完成文档目录的创建工作，设置完成后单击"确定"按钮即可。

5.8 插入文档封面

用户在编辑文档的过程中，经常需要为文档插入一页美观的封面，有时还会根据需要在文档中添加作者、关键词、发布日期等一系列文档属性，从而使文档更加完整。在文档中插入封面的具体操作步骤如下：

1）单击"插入"选项卡"页"选项组中的"封面"下拉按钮，弹出的下拉列表如图 5.46 所示。

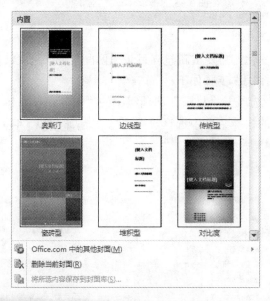

图 5.46 "封面"下拉列表

2）在 Word 2010 的内置封面样式库中选择一个合适的封面，插入文档。

3）根据需要，在插入的封面中编辑内容即可。

5.9 插入脚注和尾注

编辑文档时，对一些从其他文章引用的内容、名词或事件，经常需要加以注释。Word 2010 提供了插入脚注和尾注的功能，能够对指定的文字加入注释。使用脚注和尾注实现注释功能的唯一区别是，脚注是放在页面的底端或被注释文字的下方；尾注则是放在一节或文档的结尾。

在文档中插入脚注或尾注的具体操作步骤如下：

1）打开文档，将光标移动到要插入注释的文字末尾。

2）单击"引用"选项卡"脚注"选项组中的"插入脚注"或"插入尾注"按钮，系统将自动在要注释的文字末尾生成脚注或尾注编号，并同时在脚注或尾注位置生成相同的编号，从而使被注释与注释的文字一一对应。

3）在脚注或尾注区域的编号后面输入相应的注释信息即可。

单击"引用"选项卡"脚注"选项组右下角的对话框启动器，打开"脚注和尾注"对话框，如图5.47所示，可设置脚注或尾注的格式，并插入脚注和尾注。其中，在"位置"选项组中，选中"脚注"单选按钮，再在其下拉列表中选择"页面底端"或"文字下方"选项来决定脚注是位于每一页的页面底端还是被解释文字的下方；选中"尾注"单选按钮，再在其下拉列表中选择"节的结尾"或"文档结尾"选项来决定尾注是位于每一节的结尾还是整篇文档的结尾。在"格式"选项组中，"编号格式"下拉列表用于设置脚注或尾注使用的编号格式；"自定义标记"文本框用于设置脚注或尾注的标记，用来取代"编号格式"；"起始编号"数值框用于设置脚注或尾注的起始编号；"编号"下拉列表用于设置脚注或尾注编号是连续的，还是每节或每页重新编号。"将更改应用于"下拉列表用于脚注或尾注的格式是应用于"本节"还是"整篇文档"。如果单击"转换"按钮，则打开"转换注释"对话框，如图5.48所示，用于实现脚注和尾注之间的相互转换。

图 5.47 "脚注和尾注"对话框

图 5.48 "转换注释"对话框

用户可通过插入尾注来为正在编辑的文档添加参考文献，使用这种方法添加参考文献的优点之一就在于：当在文档中添加、删除参考文献或修改参考文献的排列顺序时，参考文献会自动重新排序，从而省去人工排序的烦恼。参考文献通常位于通篇文档的末尾，并且参考文献的编号通常是"[1]，[2]，[3]，…"的形式。以此种方式来添加参考文献的具体步骤如下：

1）将参考文献以尾注的形式插入文档尾部，且编号格式设置为"1，2，3，…"。

2）单击"开始"选项卡"编辑"选项组中的"替换"按钮，打开"查找和替换"对话框，如图5.49所示。

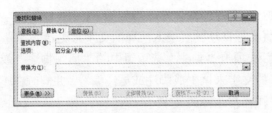

图 5.49 "查找和替换"对话框

3) 单击"更多"按钮,展开对话框,如图 5.50 所示。

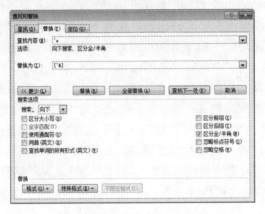

图 5.50 展开的"查找和替换"对话框

4) 单击"格式"下拉按钮,在弹出的下拉列表中选择"字体"选项,打开"查找字体"对话框,如图 5.51 所示。

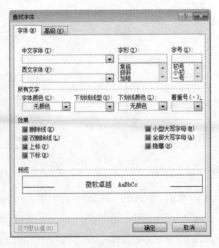

图 5.51 "查找字体"对话框

5) 选中"效果"选项组中的"上标"复选框,单击"确定"按钮。

6) 在"查找和替换"对话框的"查找内容"文本框中输入"^e",并在"替换为"文本框中输入"[^&]",然后单击"全部替换"按钮,即可将"1,2,3,…"的形式统一替换为"[1],[2],[3],…"的形式。

第6章 文档的修订与共享

当需要以多人合作的方式来共同编辑同一篇文档时，修订将成为文档编辑的重要环节，通过修订，作者之间能够及时共享对文档内容进行的补充和更正，了解其他作者分别对文档做了哪些更改和更改的原因。对于编辑完成的文档，Word 还能够以多种方式提供给用户阅读，从而实现对文档的共享。

6.1 修 订 文 档

在用户编辑文档的过程中，有时需要把文档交于他人进行审阅，并给出修改意见，再根据修改意见，对文档进行修订。在修订状态下编辑文档时，Word 2010 将对文档内容所发生过的变化进行详细的跟踪，自动记录用户修改、删除、插入的每一项内容。

1. 开启修订状态

默认状态下，Word 2010 的文档修订处于关闭状态。要利用 Word 2010 提供的工具完成对文档的修订，首先要开启修订状态。打开要修订的文档，单击"审阅"选项卡"修订"选项组中的"修订"按钮，如图 6.1 所示；或者单击"修订"下拉按钮，在弹出的下拉列表中选择"修订"选项，都可以开启文档的修订状态。要关闭修订状态，可再次单击"修订"按钮或选择"修订"选项。

图 6.1 "审阅"选项卡

修订状态开启后，后续输入的文档内容会自动加上颜色和下划线从而被标记出来，所有对文档进行的修订动作都会显示在页面右侧的空白处，包括删除的文档内容，如图 6.2 所示。

2. 设置修订状态

在文档的修订状态下，可根据需要在"显示以供审阅"下拉列表中选择一种被修订文档的显示方式。

1）最终：显示标记，在页面中显示最终修订后的文档内容，带有新插入内容等修订标记，并在页面右侧显示用户对原文做过的修改，如删除的内容、调整的格式等。

2）最终状态，显示修订后的正式文档内容，不包含任何修订标记。

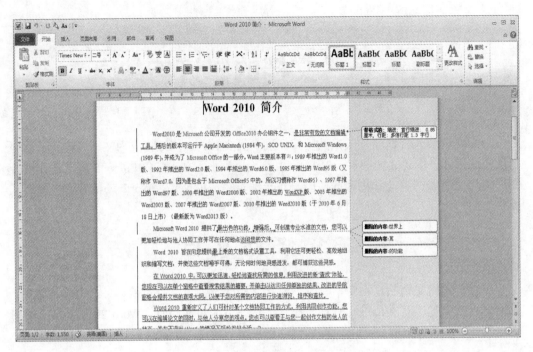

图 6.2　对文档进行修订

3）原始：显示标记，在页面中显示原文内容，但带有被删除内容等修订标记，并在页面右侧显示用户对原文做过的修改，如插入的内容、调整的格式等。

4）原始状态，显示原文，不带有任何修订标记。

在修订状态下，单击"显示标记"下拉按钮，弹出的下拉列表如图 6.3 所示，用于设置是否显示指定标记，若要显示，则选择对应的选项即可。如果要查看具体的某一个或某几个审阅者的修订内容，而隐藏其他审阅者的修订内容，则在下拉列表中选择"审阅者"选项，在弹出的级联菜单中指定审阅者，被选择的审阅者的修订内容和批注将显示在页面中，而未被选择的审阅者的修订内容和批注将不显示在页面中。单击"审阅窗格"下拉按钮，弹出的下拉列表如图 6.4 所示，用户可从"垂直审阅窗格"和"水平审阅窗格"中选择一种审阅窗格的布局方式。

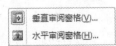

图 6.3　"显示标记"下拉列表　　　　　　　　图 6.4　"审阅窗格"下拉列表

　　文档修订之后，再次单击"修订"按钮或选择"修订"选项，将退出文档的修订模式。当有多个人参与修订文档时，为了能够清楚地区分不同修订者所修订的内容，通常将修订的内容用不同的颜色标记出来，以避免混淆，具体操作步骤如下：

　　1）某用户修订文档之前，单击"审阅"选项卡"修订"选项组中的"修订"下拉按钮，在弹出的下拉列表中选择"更改用户名"选项，打开"Word 选项"对话框，如图 6.5 所示。在"对 Microsoft Office 进行个性化设置"选项组中，输入自己区别于其他用户的用户名，再单击"确定"按钮，用户名将显示在图 6.3 所示的"审阅者"级联菜单中。

图 6.5　"Word 选项"对话框

　　2）单击"审阅"选项卡"修订"选项组中的"修订"下拉按钮，在弹出的下拉列表中选择"修订选项"选项，打开"修订选项"对话框，如图 6.6 所示。除"修订行"外，在所有"颜色"下拉列表中选择"按作者"选项。在"标记"、"移动"、"表单元格突出显示"、"格式"和"批注框" 5 个选项组中，用户可根据自己的浏览习惯和需要来设置修订内容的显示状态，修改完毕后单击"确定"按钮即可。

　　3. 添加批注

　　使用批注能够很方便地对 Word 文档做注解，让用户知道哪里需要修改，或者审阅者能够使用批注向文档作者询问相关问题，让作者根据问题对文档做出适当的修改。批注与修订的主要区别在于：修订是对原文内容的修改，批注则是对文档内容的说明和解释，就像旁白一样。批注会自动用带有颜色的矩形框框起来。为文档添加批注的具体操作步骤如下：

1）选中要添加批注的文档内容。

2）单击"审阅"选项卡"批注"选项组中的"新建批注"按钮，将在页面右侧为选中的文档内容生成批注框。

3）在生成的批注框中输入批注即可，添加批注的样例如图 6.7 所示。

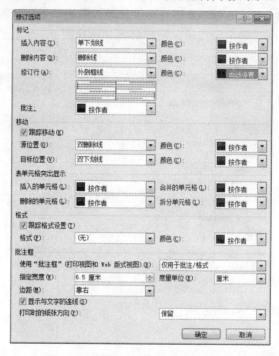

图 6.6 "修订选项"对话框

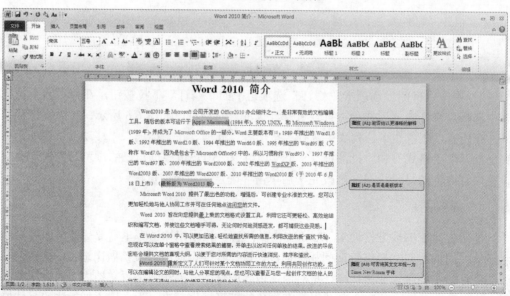

图 6.7 添加批注的样例

更改图 6.5 所示的"Word 选项"对话框中的用户名时，批注框也将以不同的颜色显示，用以区分不同用户对文档做出的批注。

如果要删除文档中的某一批注，可将光标移动到被批注的文档内容区域或对应的批注框中，单击"审阅"选项卡"批注"选项组中的"删除"按钮，即可将指定的批注删除。通过单击"上一条"或"下一条"按钮，可以将光标定位到当前批注的上一条或下一条批注。

4. 审阅修订和批注

一般情况下，修订完成后，文档原作者还要对文档的修订和批注做最后的审阅，确定文档的最终版本。对于某一项批注信息，如果审阅完成，直接删除即可。审阅修订时，可以根据需要接受或拒绝用户做过的修订，具体操作步骤如下：

1）接受修订。单击"审阅"选项卡"更改"选项组中的"接受"下拉按钮，弹出的下拉列表中包含 "接受并移到下一条""接受修订""接受所有显示的修订""接受对文档的所有修订" 4 个选项，根据需要选择一种方式即可。

2）拒绝修订。单击"审阅"选项卡"更改"选项组中的"拒绝"下拉按钮，弹出的下拉列表中包含"拒绝并移到下一条""拒绝修订""拒绝所有显示的修订""拒绝对文档的所有修订" 4 个选项，根据需要选择一种方式即可。

6.2　管　理　文　档

使用 Word 2010 的"审阅"选项卡，除了能够修订文档和对文档添加批注外，还能够对文档进行其他的管理工作，如拼写和语法检查、统计文档字数、信息检索、语言翻译、中文简繁转换、文档保护、比较与合并文档等。使用中文繁简转换工具可以将文档在中文简体和繁体之间快速转换；使用文档的保护工具，可以限制对文档内容的编辑。

1. 检查拼写和语法

在文档的编辑过程中，由于输入的内容繁多，难以避免拼写或语法上的错误，人工查找费时费力，这时可利用 Word 2010 提供的拼写和语法检查功能对文档的内容进行检查，快速找到拼写和语法上的错误，从而帮助用户及时更正。Word 2010 的拼写和语法检查功能开启后，将自动在它认为有拼写或语法错误的文本下方加上红色或绿色的波浪线，以提醒用户更正。开启拼写和语法检查功能的具体操作步骤如下：

1）打开要编辑的文档，选择"文件"选项卡，打开 Office 后台视图，如图 6.8 所示。

2）选择 Office 后台视图中的"选项"选项，打开图 6.5 所示的"Word 选项"对话框。

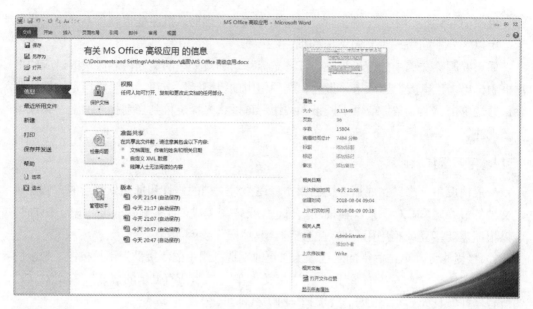

图 6.8　Office 后台视图

3）选择"校对"选项卡，如图 6.9 所示，在"在 Word 中更正拼写和语法时"选项组中选中"键入时检查拼写"和"键入时标记语法错误"两个复选框。另外，可以根据编辑文档的实际情况，选中"使用上下文拼写检查"等其他复选框，设置相关功能。

图 6.9　"Word 选项"对话框的"校对"选项卡

4）单击"确定"按钮，完成拼写和语法检查功能的开启操作。

默认情况下，Word 2010 的拼写和语法检查功能是开启的，用户可根据需要手动开启或关闭拼写和语法检查功能。开启后，就可以对通篇文档的拼写和语法自动进行检查，便于用户及时更正错误信息，检查的具体步骤如下：

1）单击"审阅"选项卡"校对"选项组中的"拼写和语法"按钮，打开"拼写和语法：中文（中国）"对话框，如图 6.10 所示。

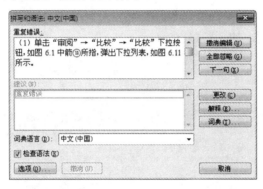

图 6.10 "拼写和语法：中文（中国）"对话框

2）"拼写和语法：中文（中国）"对话框将从文档开篇处，逐句逐词地显示认为有拼写或语法错误的内容。每显示一项被检查的内容时，系统会提示它所发现的问题，如图 6.10 中被检查的内容，系统认为是"重复错误"。该对话框中的按钮："全部忽略"表示忽略所有与当前看到的检查内容完全相同的内容，而不做任何修改；"下一句"表示直接忽略，并显示下一项被检查的内容。如果用户确认不能忽略，则更正显示在列表框中被检查的内容，更正后，"更改"按钮将被高亮显示，单击该按钮后，原文档中对应的内容将被更正。

2. 比较与合并文档

如果一个文档同时被多人修订，则会形成多个不同的版本。Word 2010 提供的文档比较功能可以精确地显示两个文档之间的差异，便于用户查看修订前、后文档的变化情况，并通过合并功能合并两个版本的文档，形成一个新的文档，新文档再与其他版本的文档进行比较和合并，最终形成用户需要的文档。

图 6.11 "比较"下拉列表

比较文档的具体操作步骤如下：

1）单击"审阅"选项卡"比较"选项组中的"比较"下拉按钮，弹出的下拉列表如图 6.11 所示。

2）选择"比较"选项，打开"比较文档"对话框，如图 6.12 所示。

3）在"原文档"下拉列表中选择原文档，如"word 2010 简介"，在"修订的文档"下拉列表中选择修订的文档，如" word 2010 简介-修订"。

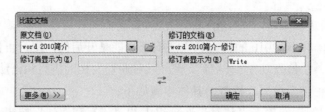

图 6.12 "比较文档"对话框

4）单击"确定"按钮，将会新建一个比较结果的文档，突出显示两个文档之间的不同之处以供用户查阅，如图 6.13 所示。

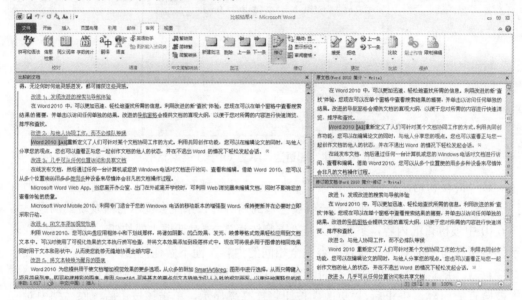

图 6.13 比较结果文档

合并文档的具体操作步骤如下：

1）单击"审阅"选项卡"比较"选项组中的"比较"下拉按钮，弹出的下拉列表如图 6.11 所示。

2）选择"合并"选项，打开"合并文档"对话框，如图 6.14 所示。

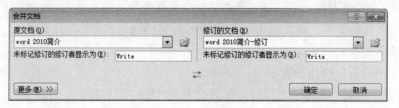

图 6.14 "合并文档"对话框

3）在"原文档"下拉列表中选择原文档，在"修订的文档"下拉列表中选择修订的文档。

4）单击"确定"按钮，将会新建一个合并结果的文档，如图 6.15 所示。

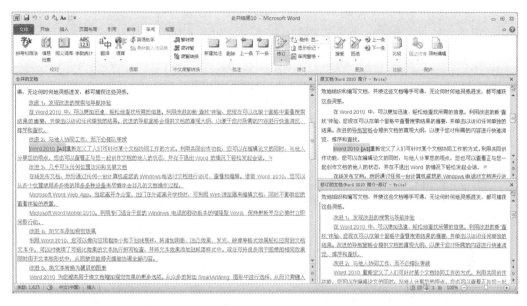

图 6.15　合并结果文档

5）保存合并结果。

3. 删除个人信息

删除文档中个人信息的主要目的是，不把作者等相关信息在共享文档时透漏给他人。因此，文档共享前，有必要将个人信息删除，具体操作步骤如下：

1）选择"文件"→"信息"→"检查问题"→"检查文档"选项，如图 6.16 所示，打开"文档检查器"对话框，如图 6.17 所示。

图 6.16　选择"检查文档"选项

2）至少选中"文档属性和个人信息"复选框，再单击"检查"按钮，对复选框内选中的项进行检查，检查结果将显示在对话框中，如图 6.18 所示。

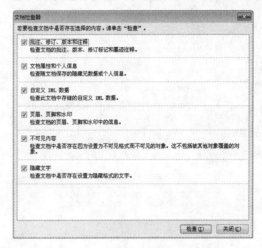

图 6.17　"文档检查器"对话框　　　　　　　图 6.18　检查结果

3）单击"全部删除"按钮，删除个人信息。

6.3　共享文档

文档建立后，可以与他人共享。除了通过打印形成纸质文档与他人共享外，还可以通过电子化方式实现共享。一种方法是使用 Word 2010 提供的电子邮件功能，通过选择"文件"→"保存并发送"→"使用电子邮件发送"→"作为附件发送"选项，如图 6.19所示，将文档以邮件方式发送给指定用户，实现共享。

图 6.19　使用电子邮件与他人共享文档

　　另一种方法是转换文档格式，通过选择"文件"→"保存并发送"→"创建 PDF/XPS 文档"→"创建 PDF/XPS"选项，如图 6.20 所示，在打开的"发布为 PDF 或 XPS"对话框中转换 Word 文档为 PDF 文档，提供给他人共享。

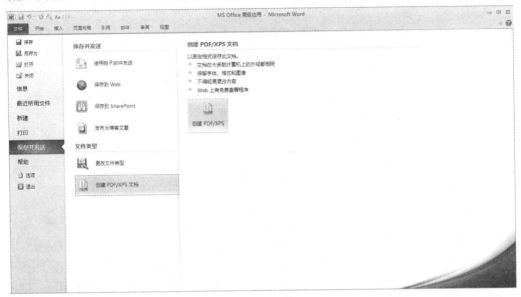

图 6.20　转换 Word 文档为 PDF 文档与他人共享

　　【例 6-1】为"素材\实例\Word.docx"文档标题添加批注"请您在下方附加英文标题"；将通篇文档内容显示为繁体；将封面保存至封面库，命名为"自定义文档封面 1"，便于今后可直接使用它作为新文档的封面，而不必重新编辑。

　　操作实现：

　　1）打开"素材\实例\Word.docx"文档，选中标题，单击"审阅"选项卡"批注"选项组中的"新建批注"按钮，在生成的批注框中输入"请您在下方附加英文标题"。

　　2）单击"审阅"选项卡"中文简繁转换"选项组中的"简转繁"按钮，将通篇文档内容显示为繁体。

　　3）选中封面全部内容，单击"插入"选项卡"文本"选项组中的"文档部件"下拉按钮，在弹出的下拉列表中选择"将所选内容保存到文档部件库"选项，打开"新建构建基块"对话框，在"库"下拉列表中选择"封面"选项，在"名称"文本框中输入"自定义文档封面 1"，单击"确定"按钮即可。

第 7 章　通过邮件合并批量处理文档

邮件合并是 Word 2010 中的一项高级功能，在实际应用中具有很大的作用，如应用邮件合并功能批量编辑信函，制作铭牌、标签、信封，发送传真等。灵活地使用 Word 2010 自带的邮件合并功能，能够极大地提高数据处理的工作效率，减少重复劳动，它是 Word 2010 中非常重要的文档编辑工具。

7.1　邮件合并基础

日常办公环境下，经常会遇到这样一种情况：对于同一类型的多份文档而言，其格式和绝大部分内容相同，只有少部分内容不同。例如，一些企业发送给某类客户的信函，其信函主体、寄件人信息保持不变，只有收件人信息不同，信函主体随业务的不同而不同，收件人信息在相对较长的时间内保持不变。如果发送给客户的信函数量巨大，则手动更改每一位客户的收件人信息，将十分耗时耗力，且容易出错。此时，可以考虑使用 Word 2010 提供的邮件合并功能批量处理此类文档，基本流程如下：

1）建立主文档，保存不变的数据信息，如信函主体、企业名称、地址、电话、邮编等。

2）构造数据源，保存变化的数据信息，如收件人地址、姓名、电话等，数据源通常由记录组成，是一个二维表格，可以是 Word 文档表格、Excel 表格、Access 数据表或 Outlook 中的联系人记录表。在实际工作中，数据源相对稳定，除根据实际情况做适当的调整外，几乎不发生变化，如企业客户信息中的姓名、性别、地址、邮编、客户类别等。

3）合并数据源到主文档。每条记录分别与主文档进行合并生成新文档。因此，数据源中有多少条记录，就有多少份新文档生成。合并将使用 Word 2010 提供的"邮件合并向导"功能完成。

7.2　制 作 信 封

制作信封是邮件合并的典型应用之一，使用向导通过几个简单的步骤，就能制作出简洁而又美观的信封，具体操作步骤如下：

1）单击"邮件"选项卡"创建"选项组中的"中文信封"按钮，如图 7.1 所示，打开"信封制作向导"对话框，如图 7.2 所示。

2）单击"下一步"按钮，在打开的对话框中选择制作的信封样式，如图 7.3 所示。

图 7.1　"邮件"选项卡

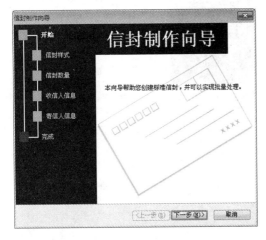

图 7.2　"信封制作向导"对话框

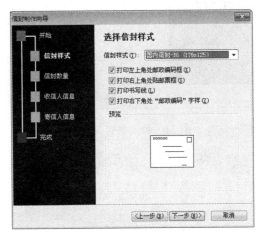

图 7.3　选择信封样式

3）单击"下一步"按钮，在打开的对话框中选择生成信封的方式和数量，如图 7.4 所示。

① 若选中"键入收信人信息，生成单个信封"单选按钮，则每次生成一个信封，并且收信人和寄信人的信息需要从键盘手动输入。此时，单击"下一步"按钮，在打开的对话框中输入收信人信息，如图 7.5 所示；再单击"下一步"按钮，在打开的对话框中输入寄信人信息，如图 7.6 所示；继续单击"下一步"按钮，对话框中显示信封制作完成，如图 7.7 所示；单击"完成"按钮，制作的信封如图 7.8 所示。

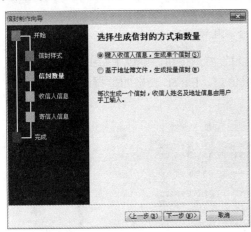

图 7.4　选择生成信封的方式和数量

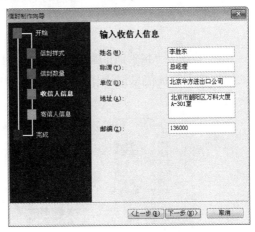

图 7.5　输入收信人信息

图 7.6 输入寄信人信息

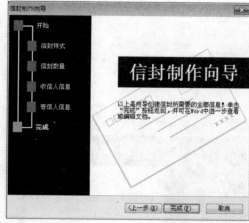

图 7.7 信封制作完成

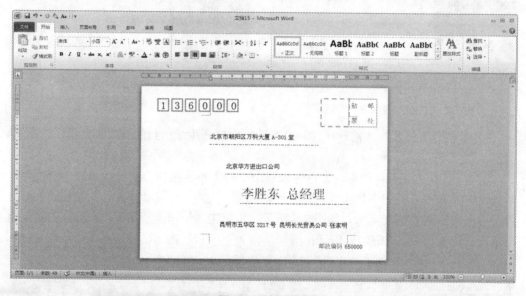

图 7.8 单个信封

② 若选中"基于地址簿文件，生成批量信封"单选按钮，则以 Excel 表格或 Text 文本的收信人地址信息记录作为数据源批量生成信封，Excel 表格的数据源样例如图 7.9 所示。

	A	B	C	D	E	F
1	姓名	称谓	单位	地址	邮编	性别
2	李胜东	总经理	北京华方进出口公司	北京市朝阳区万科大厦A-301室	136000	男
3	张美英	董事长	北京华方进出口公司	北京市朝阳区万科大厦A-420室	136000	女
4	李海健	财务科长	北京华方进出口公司	北京市朝阳区万科大厦A-420室	136000	男
5	林海生	总经理	北京丽美制药公司	北京市朝阳区金龙商厦B-601室	136000	男
6	刘海东	董事长	北京丽美制药公司	北京市朝阳区金龙商厦B-233室	136000	男
7	李继学	财务科长	北京丽美制药公司	北京市朝阳区金龙商厦B-322室	136000	男
8	卜美月	总经理	北京昌盛制药公司	北京市朝阳区鑫丽商厦A-620室	136000	女
9	王新林	董事长	北京昌盛制药公司	北京市朝阳区鑫丽商厦A-621室	136000	男
10	王成富	财务科长	北京昌盛制药公司	北京市朝阳区鑫丽商厦A-601室	136000	男

图 7.9 Excel 表格的数据源样例

　　若数据源是 Text 文本，则列与列要使用制表符分开。单击"下一步"按钮，在打开的对话框中加载数据源，使信封制作向导能够从文件中获取并匹配收件人信息，如图 7.10 所示，单击"选择地址簿"按钮实现数据源加载。例如，加载图 7.9 所示的 Excel 表格数据源，加载后，表格的列名将列在"匹配收信人信息"列表框中的各下拉列表中，从下拉列表选择适当的列名与地址信息相匹配，如图 7.11 所示。

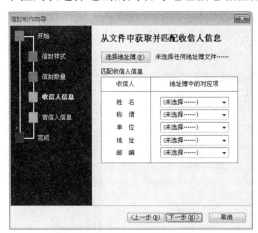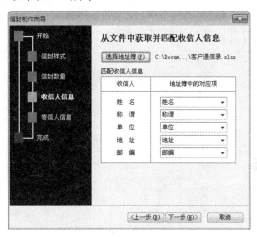

图 7.10　从文件中获取并匹配收信人信息　　　　图 7.11　从文件中匹配的收件人信息

　　单击"下一步"按钮，在打开的对话框中输入寄信人信息，如图 7.6 所示；继续单击"下一步"按钮，信封制作完成，如图 7.7 所示；单击"完成"按钮，批量制作的信封如图 7.12 所示。

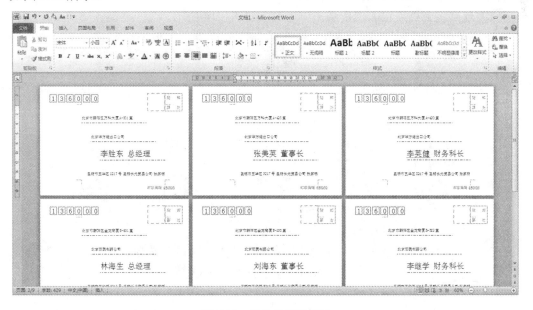

图 7.12　批量制作的信封

7.3　制作邀请函

日常生活中，很多企事业单位要使用邀请函来邀请别人参加各种活动，如宴请宾客、举办产品发布会等。同样，对于举办一项活动要制作的邀请函，除所邀请的人员信息不同以外，其他内容完全相同。如图 7.13 所示的邀请函，除被邀请人姓名和性别称谓不同以外，其他内容完全相同，如果被邀请的人员数量众多，逐个制作邀请函，工作量将十分巨大。因此，可使用 Word 2010 提供的邮件合并功能来批量制作邀请函。

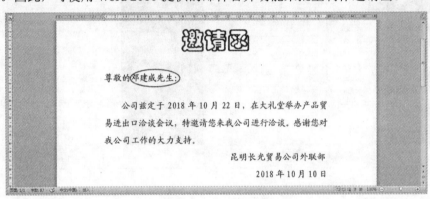

图 7.13　邀请函样例

如果希望将数据源中保存的人员信息作为被邀请人员的信息，则可使用邮件合并功能将这些人员信息添加到邀请函的主文档中，具体操作步骤如下：

1）建立主文档，输入邀请函主体内容，如图 7.14 所示。

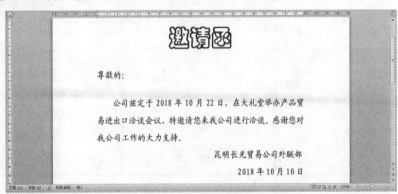

图 7.14　邀请函主体

2）单击"邮件"选项卡"开始邮件合并"选项组中的"选择收件人"下拉按钮，弹出的下拉列表如图 7.15 所示。

3）选择"使用现有列表"选项，打开"选取数据源"对话框，如图 7.16 所示。在该对话框中选择数据源文档，如选择图 7.9 所示的 Excel 表格"客户通信录"作为数据源。

图 7.15　"选择收件人"下拉列表

图 7.16　"选取数据源"对话框

4）将主文档的光标定位到要添加数据的位置，如在图 7.14 所示的主文档中，将光标定位到"尊敬的"和冒号"："之间，即要添加被邀请人姓名的位置。

5）单击"邮件"选项卡"编写和插入域"选项组中的"插入合并域"下拉按钮，在弹出的下拉列表中，从被导入的数据源中选择一列，如姓名，如图 7.17 所示，作为在输入光标处要导入的数据，即插入合并域。

6）如果在光标处导入的数据是对数据源中的数据进行判断得到的结果，如在图 7.9 中，如果"性别"＝"男"，则在邀请函的"姓名"后添加"先生"；否则，在"姓名"后添加"女士"，此时，单击"邮件"选项卡"编写和插入域"选项组中的"规则"下拉按钮，弹出的下拉列表如图 7.18 所示。

图 7.17　在主文档的指定位置处插入合并域　　　　图 7.18　"规则"下拉列表

7）根据需要选择下拉列表中的选项来设置规则，本例选择"如果…那么…否则…"选项，打开"插入 Word 域: IF"对话框，如图 7.19 所示。分别在"域名"和"比较条件"下拉列表中选择"性别"选项和"等于"选项；在"比较对象"文本框中输入"男"；分别在"则插入此文字"文本框和"否则插入此文字"文本框中输入"先生"和"女士"。规则设置完成后，单击"确定"按钮。

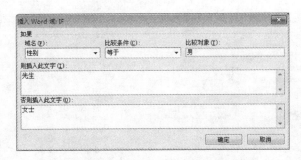

图 7.19 "插入 Word 域: IF" 对话框

8）单击"邮件"选项卡"完成"选项组中的"完成并合并"下拉按钮，弹出的下拉列表如图 7.20 所示。

9）选择"编辑单个文档"选项，打开"合并到新文档"对话框，如图 7.21 所示。

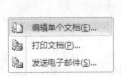

图 7.20 "完成"下拉列表   图 7.21 "合并到新文档"对话框

10）选择要合并到主文档的记录范围，如选中"全部"单选按钮，单击"确定"按钮，批量生成邀请函，生成的结果如图 7.22 所示。

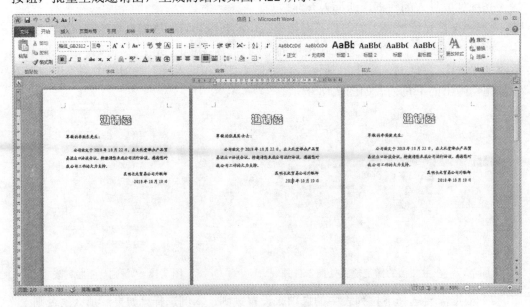

图 7.22 邀请函合并文档输出结果

11）保存生成的邀请函，并保存主文档。

【例 7-1】使用邮件合并功能在"素材\实例"目录中按图 7.23 制作邀请函。其中，要求在"尊敬的"和冒号"："之间加入被邀请人姓名，若为男士，则尊称为先生，否则尊称为女士。被邀请人姓名和性别来自于 Excel 工作表"客户通信录";"邀请函"3个字为艺术字"填充-红色,强调文字颜色 2,暖色粗糙棱台",字体为"楷体",且字号为 130;正文为"隶书"一号字。

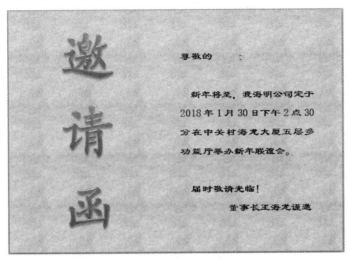

图 7.23　邀请函模板

操作实现:

1）在"素材\实例"目录中建立一个名称为"邀请函模板"的 Word 文档,并打开文档。

2）单击"页面布局"选项卡"页面设置"选项组中的"纸张方向"下拉按钮,在弹出的下拉列表中选择"横向"选项,将纸张方向由默认的"纵向"改为"横向"。

3）单击"页面布局"选项卡"页面背景"选项组中的"页面颜色"下拉按钮,在弹出的下拉列表中选择"填充效果"选项,打开"填充效果"对话框。选择"纹理"选项卡,在"纹理"列表框中选择合适的纹理图案作为邀请函的背景,单击"确定"按钮。

4）单击"页面布局"选项卡"页面设置"选项组中的"分栏"下拉按钮,在弹出的下拉列表中选择"两栏"选项,划分页面为两栏,将左栏作为标题区,输入"邀请函";将右栏作为正文区,输入正文。

5）将光标定位于页面左栏,单击"插入"选项卡"文本"选项组中的"艺术字"下拉按钮,在弹出的下拉列表中选择"填充-红色,强调文字颜色 2,暖色粗糙棱台"选项,插入艺术字,并输入"邀请函"3 个字;单击"开始"选项卡"字体"选项组右下角的对话框启动器,打开"字体"对话框,选择"字体"选项卡,设置字体为"楷体"、字号为 130。

6）在页面右栏按照邀请函模板输入正文内容,单击"开始"选项卡"字体"选项组右下角的对话框启动器,打开"字体"对话框,选择"字体"选项卡,设置字体为"隶书"、字号为"一号"。

7）单击"邮件"选项卡"开始邮件合并"选项组中的"选择收件人"下拉按钮,在弹出的下拉列表中选择"使用现有列表"选项,打开"选取数据源"对话框,选择文档"客户通信录"作为数据源，单击"打开"按钮。

8）将光标定位到页面右栏"尊敬的"和冒号"："之间，作为添加被邀请人姓名的位置。单击"邮件"选项卡"编写和插入域"选项组中的"插入合并域"下拉按钮，在弹出的下拉列表中，从被导入的数据源中选择"姓名"列作为要导入的数据，即插入合并域。

9）单击"邮件"选项卡"编写和插入域"选项组中的"规则"下拉按钮，在弹出的下拉列表中选"如果...那么...否则..."选项，打开"插入 Word 域: IF"对话框，分别在"域名"和"比较条件"下拉列表中选择"性别"选项和"等于"选项；在"比较对象"文本框中输入"男"；分别在"则插入此文字"文本框和"否则插入此文字"文本框中输入"先生"和"女士"，单击"确定"按钮。

10）单击"邮件"选项卡"完成"选项组中的"完成并合并"下拉按钮，在弹出的下拉列表中选择"编辑单个文档"选项，打开"合并到新文档"对话框，选择要合并到主文档的记录范围，如选中"全部"单选按钮，单击"确定"按钮，批量生成邀请函并保存。

第8章 Excel 公式和函数

表格是记录、存储、处理数据和数据规则化的典范，Microsoft Excel 是微软办公软件 Microsoft Office 的组件之一，其直观的界面、出色的计算功能和图表工具，已使它成为个人计算机上流行的数据处理软件之一。Excel 可以对存储在表格中的数据进行各种智能操作，包括统计分析和辅助决策等重要的数据处理业务，它是微软办公自动化套装软件的重要组成部分，被广泛地应用于管理、统计财经、金融等众多领域。而处理这些数据主要依赖于 Excel 提供的各种运算符和函数，如求总和、求平均值、计数等，可使用这些运算符和函数来构造公式，满足处理数据的需要。使用公式和函数处理数据，降低了在数据处理上所花费的人力成本并避免出现错误，这将极大地提高数据处理的效率和可靠性。

8.1 使用公式的基本方法

Excel 公式是 Excel 工作表中进行数据计算的表达式，用于计算数据后生成新值，输入公式从 "=" 开始，后面是由运算符连接的各种元素，包括单元格引用、标识符、名称、常量、运算符、括号和函数，实现加、减、乘、除等的自动计算。当一组数据的取值发生变化时，包含该组数据的每一个公式，其计算结果将被自动更新。

1. 运算符

运算符用于连接公式，是构成完整公式的重要元素，从而实现各种运算，Excel 2010 包含 4 种常用的运算符，即算术运算符、关系运算符、引用运算符和文本运算符。

（1）算术运算符

算术运算符用于实现数值元素之间的算术运算，参与运算的元素为数值型数据，其运算结果也必须为数值型数据，一般的算术运算符及其含义见表 8.1，所提供的公式样例中，A1=20、B1=2。

表 8.1 一般的算术运算符及其含义

运算符	含义	公式样例	运算结果
+	加法运算或正数符号	= A1+ B1	22
−	减法运算或负数符号	= A1− B1	18
*	乘法运算	= A1* B1	40
/	除法运算	= A1/ B1	10
^	乘方运算	= A1^ B1	400
%	百分比	= A1%	0.2

（2）关系运算符

关系运算符用于实现元素之间的关系运算，比较元素的大小，其运算结果为逻辑型 TRUE（真）或 FALSE（假）。关系运算符及其含义见表 8.2。

表 8.2　关系运算符及其含义

运算符	含义	公式样例	运算结果
>	大于	= A1> B1	TRUE
>=	大于等于	= A1>= B1	TRUE
<	小于	= A1< B1	FALSE
<=	小于等于	= A1<= B1	FALSE
=	等于	= A1= B1	FALSE
<>	不等于	= A1<> B1	TRUE

（3）引用运算符

统计时常常需要引用数据，如果只是一个单元格，则直接用列标（字母）+行号（数字）表示，如 A1 表示引用列标为 A、行号为 1 的单元格数据，A1 被称为该单元格数据的地址。如果用户一次要引用的单元格数据不唯一，则使用冒号 ":" 或逗号 "," 分隔。引用运算符及其含义见表 8.3。

表 8.3　引用运算符及其含义

运算符	含义	公式样例	运算结果
:	区域运算符，引用包括在两个单元格之间的所有单元格数据	=A1:B4	引用 A1、A2、A3、A4、B1、B2、B3、B4，是 A1～B4 范围内的矩形区域
,	联合运算符，引用多个不连续单元格数据	=A2:B3,C1,D4	引用 A2、A3、B2、B3、C1、D4
空格	交叉运算符，引用空格两边的两个引用的交集	=A1:B2 B1:C3	引用 B1、B2

（4）文本运算符

文本运算符 "&" 的作用是连接两个文本，如 A1="Micro" 和 B1="soft"，则 A1&B1="Microsoft"。

此外，Excel 运算符还包括圆括号 "( )"，其用于改变运算符的优先级，以使圆括号中的表达式优先运算。

2．输入与编辑公式

在 Excel 中，编辑公式不同于编辑文本，必须要遵循编辑规则。输入公式的具体操作步骤如下：

1）将光标定位到要使用公式的单元格中，使其成为活动单元格。

2）输入 "="，表示要开始输入公式，否则 Excel 会把输入的内容作为简单的文本来处理。

3）输入对数据进行处理的公式。

4）按【Enter】键，公式输入完成。此时，将自动在活动单元格中显示公式的计算结果。

修改公式时，可将光标定位到相应的单元格中进行修改，修改完成后，按【Enter】键，确认并重新显示计算结果；如果要删除公式，可选中单元格，按【Delete】键即可。

3. 单元格引用

单元格引用是 Excel 公式中经常用到的功能之一，使用它可以引用单元格、单元格区域或来自另一个 Excel 工作表的单元格、单元格区域。根据引用的方式不同，将单元格引用分为相对引用、绝对引用、混合引用。

（1）相对引用

相对引用是指被引用的单元格相对位置不变，即公式所在的单元格相对于参与运算的单元格的行列间距保持不变。例如，D5 单元格中有公式"=A1+C3"，其对单元格 A1和 C3 的引用就是相对引用。通过分析，A1 和 D5 的行列间距是(4, 3)，C3 和 D5 的行列间距是(2, 2)。将该公式复制到 F7 单元格中，参与加法运算的两个数据所在的单元格与F7 的行列间距也要求分别是(4, 3)和(2, 2)，经过计算，分别是 C3 和 D5，F7 单元格中的公式变为"=C3+D5"。

（2）绝对引用

绝对引用是指被引用的单元格地址固定不变，与包含公式的单元格位置无关。如果不希望公式中的单元格地址发生变化，就要使用绝对引用。绝对引用的形式是在被引用单元格的列标与行号之前分别添加"$"符号，如$A$1 是对单元格 A1 的绝对引用。又如，将 D5 单元格中的公式"=A1+C3"改为绝对引用形式"=$A$1+$C$3"，然后将其复制到 F7 单元格，F7 单元格中的公式依然是"=$A$1+$C$3"。

（3）混合引用

混合引用是指绝对引用列标，相对引用行号，或者相反，如$A1、A$1。在输入公式时，只在要被绝对引用的行号或列标前添加"$"符号即可。

8.2　定义与引用名称

可以在 Excel 2010 中为常量、单元格、单元格区域或公式定义名称，定义后，可使用名称来引用这些常量、单元格、单元格区域或公式。需要强调：使用名称来引用单元格或单元格区域是绝对引用。

8.2.1　定义名称

在 Excel 2010 中定义名称必须遵循如下规则：

1）唯一性原则。名称在其使用范围内具有唯一性，不可重复，用以区分不同的引用。

2）有效性原则。名称必须以字母、下划线"_"或反斜杠"\"开头，可由字母、数字、句点和下划线组成，但不能包含字母 C、c、R 或 r。

3）名称不能定义为单元格地址。

4）名称中不能包含空格。

5）一个名称的最大长度是 255 个字符。

6）名称不区分大小写。例如，Name 和 NAME 被认为是同一个名称。

在 Excel 2010 中主要包含如下几种定义名称的方法。

（1）快速定义

快速定义名称的具体操作步骤如下：

1）打开 Excel 工作表，选中要定义名称的单元区域，如在图 8.1 中，选中所有单元格。

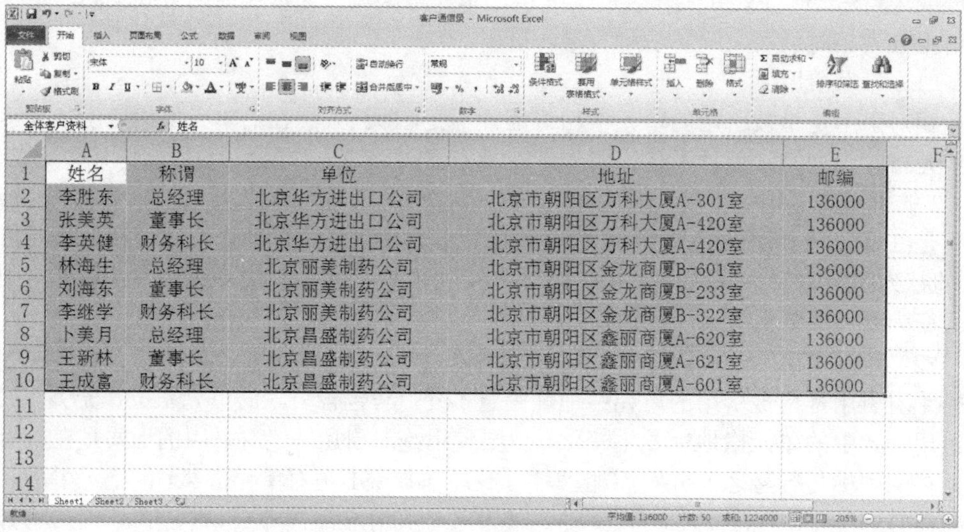

图 8.1　名称的快速定义

2）在编辑栏的名称框中输入被选中单元格区域的新名称，如输入"全体客户资料"。

3）输入后，按【Enter】键确认，选中的单元格区域就被命名为名称框中指定的名称。

（2）定义行列标题为名称

可将选中区域的行标题或列标题定义为对应行或列的名称。例如，在图 8.1 中，选中所有单元格并定义列标题为名称后，"姓名"就是第一列的名称，当在公式中使用"姓名"时，表示引用第一列的所有数据，但不包含列名"姓名"在内；"称谓"就是第二列的名称，当在公式中使用"称谓"时，表示引用第二列的所有数据，但不包含列名"称谓"在内，以此类推。实现这种定义的具体操作步骤如下：

1）选择要定义名称的单元格区域，要使名称与实际相符，就必须包含行或列标题，如在图 8.1 中，要定义每一列为列名，就必须包含"姓名""称谓""单位""地址""邮编"。

2）单击"公式"选项卡"定义的名称"选项组中的"根据所选内容创建"按钮，如图 8.2 所示，打开"以选定区域创建名称"对话框，如图 8.3 所示。

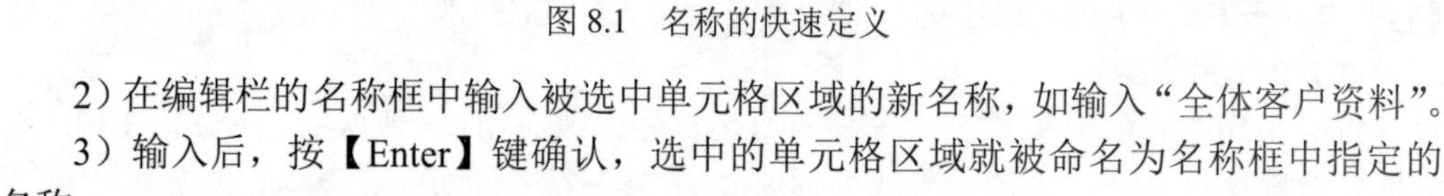

图 8.2　"公式"选项卡

3）选择作为标题的行或列，如对于图 8.1，只选中"首行"复选框即可。

4）单击"确定"按钮，完成名称的创建。

（3）使用向导定义名称

使用向导定义名称的具体操作步骤如下：

1）单击"公式"选项卡"定义的名称"选项组中的"定义名称"按钮，打开"新建名称"对话框，如图 8.4 所示。

图 8.3 "以选定区域创建名称"对话框   图 8.4 "新建名称"对话框

2）根据需要，在"新建名称"对话框中的"范围"下拉列表中选择定义名称的作用范围是工作簿还是工作表；可以在"备注"列表框中添加不超过 255 个字符的备注信息；如果是定义单元格区域，则单击"引用位置"文本框右侧的按钮，选择要定义名称的单元格区域，如在图 8.5 中，选择"地址"列的全部地址信息；在"名称"文本框中输入要定义的单元格区域的名称，如"办公地点"。如果是定义常量或公式，则先在"引用位置"文本框中输入"="后，再输入常量或公式，如在图 8.4 中，按照该方式定义文本常量"北京"为名称"地区"。

图 8.5 使用向导定义名称

3）单击"确定"按钮，完成定义。

当更改或删除某一名称时，该名称将在工作簿或工作表中被自动更改或删除。更改名称的具体操作步骤如下：

1）单击"公式"选项卡"定义的名称"选项组中的"名称管理器"按钮，打开"名称管理器"对话框，如图8.6所示。

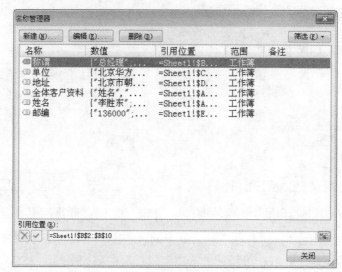

图8.6 "名称管理器"对话框

2）选中要编辑的名称，单击"编辑"按钮，打开"编辑名称"对话框。

3）根据需要修改名称、引用位置、备注说明等信息，但使用范围被定义后将不能更改。

4）单击"编辑名称"对话框中的"确定"按钮，再单击"名称管理器"对话框中的"关闭"按钮，完成修改。

如果要删除某一名称，则在"名称管理器"对话框中选中要删除的名称，单击"删除"按钮即可。

8.2.2 引用名称

使用名称来引用数据的优点：①能够快速选定已经命名的单元格区域；②使用熟悉的名称来引用常量或公式，便于记忆；③在公式中使用名称能够实现精确引用。引用名称主要包括如下两种方法。

（1）名称框引用

使用名称框引用名称的具体操作步骤如下：

1）单击名称框下拉按钮，弹出的下拉列表中将显示出所有被定义的单元格区域名称。

2）在下拉列表中选择指定名称，则对应的单元格区域将被选中。

（2）公式引用

使用公式引用名称的具体操作步骤如下：

1）选中或将光标定位于要输入公式的单元格。

2）单击"公式"选项卡"定义的名称"选项组中的"用于公式"下拉按钮，弹出包含全部名称的下拉列表。

3）在下拉列表中选择要引用的名称，即可将名称添加到单元格中。

4）按【Enter】键确认。

8.3 函数的基本用法

Excel 函数是一些预先定义的公式，它们使用一些称为参数的特定数值按照规定的顺序或结构对数据进行计算。函数作为 Excel 处理数据的一个重要手段，其功能强大，在日常生活和办公中具有多种应用。

8.3.1 插入和编辑函数

Excel 提供的内置函数共 500 多个，被划分为 10 类，分别是数据库函数、日期与时间函数、工程函数、财务函数、信息函数、逻辑函数、查询和引用函数、数学和三角函数、统计函数、文本函数，但常用函数只有 30 多个，基本能够满足用户日常处理数据的需要。还有一类是用户根据需要自定义的函数。Excel 函数通常表示为如下形式：

$$函数名称([参数 1],[参数 2],\cdots,[参数 n])$$

其中，"参数"是参与函数执行的数据，参数可以有多个，使用逗号","分隔。例如，函数 SUM(Number 1,[Number 2],$\cdots$,[Number n])用于计算 n 个数 Number 1，Number 2，$\cdots$，Number n 之和，SUM 是函数名称，作为用户使用函数时的标志；Number 1，Number 2，$\cdots$，Number n 是参数，作为参与求和运算时的数据。方括号中的参数是可选的，可根据需要设置或不设置，有的函数可以没有参数，而有的函数则不能缺少必要的参数，如求和函数 SUM 中，至少要包含一个参数来参与求和运算。参数可以是常量、单元格地址、名称、公式、函数、文本等。将函数作为参数，可形成函数的嵌套，Excel 2010 的函数嵌套不能超过 64 层。

事实上，函数是公式的组成元素之一。因此，无论是输入包含各种类型数据的混合公式，还是只有一个函数的简单公式，都必须以"="开始。向单元格中插入公式的方法主要包括以下几种。

（1）使用分类函数库

使用分类函数库向单元格中插入公式的具体操作步骤如下：

1）如果只是向空白单元格中插入一个函数，则选中该单元格，或通过双击将光标定位于该单元格；如果单元格内已经包含一个公式，要向公式中插入函数，则双击该单元格，并将光标定位于公式中要插入函数的位置。

2）单击"公式"选项卡"函数库"选项组中的函数类型下拉按钮，弹出下拉列表。例如，单击"数学和三角函数"下拉按钮，弹出下拉列表。

3）选择要插入的函数，打开"函数参数"对话框。插入的函数不同，打开的"函数参数"对话框也不同。例如，在"数学和三角函数"下拉列表中选择"ABS"（取绝对值）函数后，打开的对话框如图 8.7 所示。

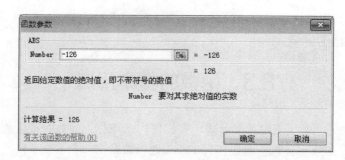

图 8.7　取绝对值函数的"函数参数"对话框

4）输入或选择参数。例如，在图 8.7 的"Number"文本框中输入-126，表示要计算-126 的绝对值；也可通过单击文本框右侧的按钮来选取某一单元格数据作为参数。

5）单击"确定"按钮，完成插入函数的操作。

在插入"公式"选项卡"函数库"选项组"自动求和"下拉列表中的函数时，其参数的设置将直接在单元格中进行，而不使用对话框。

（2）使用"插入函数"按钮

使用"插入函数"按钮向单元格中插入公式的具体操作步骤如下：

1）如果只是向空白单元格中插入一个函数，则选中该单元格，或通过双击将光标定位于该单元格；如果单元格内已经包含一个公式，要向公式中插入函数，则双击该单元格，并将光标定位于要插入函数的位置。

2）单击"公式"选项卡"函数库"选项组中的"插入函数"按钮，打开"插入函数"对话框，如图 8.8 所示。

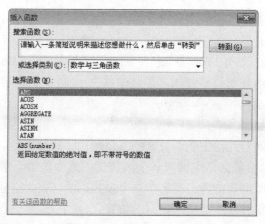

图 8.8　"插入函数"对话框

3）在"或选择类别"下拉列表中选择要插入的函数类别，在"选择函数"列表框中选择函数名称。

4）单击"确定"按钮，完成插入函数的操作。

当然，也可通过键盘手动输入函数。若要修改单元格中的函数，则可双击单元格，进入编辑状态进行修改，修改完成后，按【Enter】键确认即可。

8.3.2　常用函数

本节介绍一些 Excel 2010 的常用函数，熟练掌握这些常用函数的用法，能够极大提高处理数据的工作效率。

（1）绝对值函数：ABS(Number)

主要功能：求出参数 Number 的绝对值。

参数说明：Number 表示需要求绝对值的数值或引用的单元格。

应用举例：ABS(-16)表示求-16 的绝对值，结果为 16；ABS(B3)表示求单元格 B3 中数据的绝对值。

（2）最大值函数：MAX(Number 1,Number 2,…,Number n)

主要功能：求出 n 个参数中的最大值。

参数说明：参数至少有一个，且必须都是数值，最多可包含 255 个。

应用举例：假设单元格区域 B1:B4 包含数字 3、5、6、8，则函数 MAX(B1:B3)的结果为 8；MAX(B1:B4,1,8,9,10)的结果为 10。

（3）最小值函数：MIN(Number 1,Number 2,…,Number n)

主要功能：求出 n 个参数中的最小值。

参数说明：参数至少有一个，且必须都是数值，最多可包含 255 个。

应用举例：假设单元格区域 B1:B4 包含数字 3、5、6、8，则函数 MIN(B1:B3)的结果为 3；MIN(B1:B4,1,8,9,10)的结果为 1。

（4）四舍五入函数：ROUND(Number,Num_digits)

主要功能：按指定的位数 Num_digits 对参数 Number 进行四舍五入。

参数说明：参数 Number 表示要四舍五入的数字；Num_digits 表示保留的小数位数。

应用举例：ROUND(100.3886,3)的结果为 100.389。

（5）取整函数：TRUNC(Number,[Num_digits])

主要功能：按指定的精度 Num_digits 对参数 Number 进行四舍五入。

参数说明：将参数 Number 的小数部分截去，返回整数；参数 Num_digits 为取精度数，默认为 0。

应用举例：TRUNC(199.246)的结果为 199；TRUNC(-199.236)的结果为-199。

（6）向下取整函数：INT(Number)

主要功能：将参数 Number 向下舍入到最接近的整数，Number 为必要参数。

参数说明：Number 表示需要取整的数值或引用的单元格。

应用举例：INT(199.246)的结果为 199，INT(-199.246)的结果为-200。

（7）求和函数：SUM(Number 1, [Number 2],…,[Number n])

主要功能：计算 n 个参数之和。

参数说明：至少包含一个参数，每个参数可以是具体的数值、引用的单元格（区域）、数组、公式或另一个函数的结果。

应用举例：SUM(B1:C10)表示计算 B1:C10 中的所有数值之和；SUM(A3,A9,A20)

表示计算 A3、A9 和 A20 中的数字之和。

（8）条件求和函数：SUMIF(Range,Criteria,[Sum_Range])

主要功能：对指定单元格区域中符合条件的单元格求和。

参数说明：Range 为必要参数，表示条件区域，是用于条件判断的单元格区域；Criteria 为必要参数，表示求和的条件，是判断哪些单元格将被用于求和的条件；Sum_Range 为可选参数，表示实际求和区域，是要求和的实际单元格、区域或引用。如果 Sum_Range 参数被省略，则 Excel 会对在 Range 参数中指定的单元格求和。

应用举例：SUMIF(A1:B10,">10")表示计算 A1:B10 区域中大于 10 的数值之和；SUMIF(A1:B10,">10",C1:D10)，表示在区域 A1:B10 中查找大于 10 的单元格数据，并与 C1:D10 区域中对应的单元格求和。

（9）多条件求和函数：SUMIFS(Sum_Range,Criteria_Range1,Criteria1,[Criteria_Range2,Criteria2],…,[Criteria_Range n,Criteria n])

主要功能：对指定单元格区域中符合多组条件的单元格求和。

参数说明：Sum_Range 为必要参数，是参加求和的实际单元格区域；Criteria_Range1 为必要参数，是第 1 组条件中指定的区域；Criteria1 为必要参数，是第 1 组条件中指定的条件。

应用举例：SUMIFS(A2:A10,B2:B10,">60",C2:C10,"<80")表示对 A2:A10 区域中符合以下条件的单元格的数值求和，B2:B10 中的相应数值大于 60 且 C2:C20 中的相应数值小于 80。

（10）积和函数：SUMPRODUCT(Array1,Array2,…,Array n)

主要功能：先计算出各个数组或区域内位置相同的元素的乘积，再计算出它们的和。

参数说明：可以是数值、逻辑值或作为文本输入的数字的数组常量，或者包含这些值的单元格区域，空白单元格被视为 0。

应用举例：SUMPRODUCT(A1:A4,B1:B4,C1:C4)表示计算 A1:A4、B1:B4、C1:C4 3 列对应数据乘积之和。

计算方式：=A1*B1*C1*D1+A2*B2*C2*D2+A3*B3*C3*D3+A4*B4*C4*D4。

（11）平均值函数：AVERAGE(Number 1,[Number 2],…,[Number n])

主要功能：求出 n 个参数的平均值。

参数说明：至少包含一个参数，最多可包含 255 个。

应用举例：AVERAGE(A2:B6)表示对单元格 A2:B6 中的数值求平均值；AVERAGE (A2:B6,C3)表示对单元格 A2:B6 中的数值与 C3 中的数值求平均值。

（12）条件平均值函数：AVERAGEIF(Range,Criteria,[Average_range])

主要功能：对指定单元格区域中符合一组条件的单元格求平均值。

参数说明：Range 为必要参数，是进行条件对比的单元格区域；Criteria 为必要参数，是求平均值的条件，其形式可以为数字、表达式、单元格引用、文本或函数；Average_range 为可选参数，是要求平均值的实际单元格区域。如果 Average_range 参数被省略，Excel 会对在 Range 参数中指定的单元格求平均值。

应用举例：AVERAGEIF(B2:B10,"<80")表示对 B2:B10 中小于 80 的数值求平均值；AVERAGEIF(B2:B10,"<80",C2:C10)表示在 B2:B10 中查找小于 80 的单元格数据，并在 C2:C10 中查找对应单元格求平均值。

（13）多条件平均值函数：AVERAGEIFS(Average_range,Criteria_range 1,Criteria 1,[Criteria_range 2,Criteria 2],…,[Criteria_range *n*,Criteria *n*])

主要功能：对指定单元格区域中符合多组条件的单元格求平均值。

参数说明：Average_range 为必要参数，是要计算平均值的实际单元格区域；Criteria_range 1 为必要参数，是第 1 组条件中指定的区域；Criteria1 为必要参数，是第 1 组条件中指定的条件。

应用举例：AVERAGEIFS(A1:A8,B1:B8,">20",C1:C8,"<60")表示对 A1:A8 中符合条件的单元格的数值求平均值，条件为 B1:B8 中的相应数值大于 20 且 C1:C8 中的相应数值小于 60。

（14）计数函数：COUNT(Value 1,[Value 2],…,[Value *n*])

主要功能：统计指定区域中包含数值的个数，只对包含数字的单元格进行计数。

参数说明：至少包含一个参数，最多可包含 255 个。

应用举例：COUNT(A2:B8)表示统计单元格 A2:B8 中包含数值的单元格个数。

（15）计数函数：COUNTA(Value 1,[Value 2],…,[Value *n*])

主要功能：统计指定区域中不为空的单元格的个数，可以对包含任何类型信息的单元格进行计数。

参数说明：至少包含一个参数，最多可包含 255 个。

应用举例：COUNT(A2:B8)表示统计单元格 A2:B8 中非空单元格的个数。

（16）条件计数函数：COUNTIF(Range,Criteria)

主要功能：统计指定单元格区域中符合单个条件的单元格的个数。

参数说明：Range 为必要参数，表示计数的单元格区域；Criteria 为必要参数，是计数的条件，条件的形式可以为数字、表达式、单元格地址或文本。

应用举例：COUNTIF(A2:B8,">30") 表示统计单元格 A2:B8 中值大于 30 的单元格的个数。

（17）多条件计数函数: COUNTIFS(Criteria_range 1,Criteria 1,[Criteria_range 2,Criteria 2],…,[Criteria_range *n*,Criteria *n*])

主要功能：统计指定单元格区域中符合多组条件的单元格的个数。

参数说明：Criteria_range1 为必要参数，是第 1 组条件中指定的区域；Criteria 1 为必要参数，是第 1 组条件中指定的条件，条件的形式可以为数字、表达式、单元格地址或文本。

应用举例：COUNTIFS(A2:B8,">60",C2:D8,"<80")表示统计 A2:B8 中大于 60 且 C2:D8 中小于 80 的单元格个数。

（18）逻辑判断函数：IF(Logical_text,[Value_if_true],[Value_if_false])

主要功能：若指定条件的计算结果为 TRUE，函数返回一个值；若计算结果为

FALSE，函数返回另一个值。

参数说明：Logical_text 为必要参数，指定判断条件；Value_if_true 为必要参数，指定计算结果为 TRUE 时返回的内容，如果忽略，则返回 TRUE；Value_if_false 为必要参数，指定计算结果为 FALSE 时返回的内容，如果忽略，则返回 FALSE。

应用举例：IF(A1>=60,"及格","不及格")，表示如果 A1 中的数值大于或等于 60，则显示"及格"，否则显示"不及格"。

（19）垂直查询函数：VLOOKUP(Lookup_value,Table_array,Col_index_num,[Range_lookup])

主要功能：搜索指定单元格区域的第一列，然后返回该区域同一行中任何指定单元格中的值。

参数说明：Lookup_value 为必要参数，表示查找目标，即要在表格或区域第一列中搜索的值。Table_array 为必要参数，表示查找范围，即要查找的数据所在的单元格区域。Col_index_num 为必要参数，表示返回值的列数，即最终返回数据所在的列标。Range_lookup 为可选参数，为逻辑值，决定查找的是精确匹配值还是近似匹配值，如果为 1（TRUE）或被省略，则返回近似匹配值，即如果找不到精确匹配值，则返回小于 Lookup_value 的最大数值；如果为 0（FALSE），则只查找精确匹配值；如果找不到精确匹配值，则返回错误值#N/A。

应用举例：VLOOKUP(40,B2:C8,2)表示查找 B2:C8。因此，B 列为第一列，C 列为第二列，使用近似匹配搜索 B 列（第一列）中的值 40，如果在 B 列中没有 40，则近似找到 B 列中与 40 最接近的值，然后返回同一行中 C 列（第二列）的值。

（20）排位函数：RANK.EQ(Number,ref,[order])和 RANK.AVG(Number,ref,[order])

主要功能：返回一个数值在指定数值列表中的排位。如果多个值具有相同的排位，使用函数 RANK.AVG 将返回平均排位，使用函数 RANK.EQ 则返回实际排位。

参数说明：Number 为必要参数，表示需要排位的数值；ref 为必要参数，表示要查找的数值列表所在的单元格区域；order 为可选参数，指定数值列表的排序方式（如果 order 为 0 或忽略，则按降序排名，即数值越大，排名结果数值越小；如果为非 0 值，则按升序排名，即数值越大，排名结果数值越大）。

应用举例：RANK(A2,$A$1:$A$10,0)，表示求取 A2 单元格中的数值在单元格 A1:A10 中的降序排位。

（21）当前日期和时间函数：NOW()

主要功能：返回当前系统日期和时间。

参数说明：该函数不需要参数。

应用举例：输入公式"=NOW()"，显示出当前系统日期和时间。如果系统日期和时间发生了改变，只要按【F9】键，即可更新数据。

（22）当前日期函数：TODAY()

主要功能：返回当前系统日期。

参数说明：该函数不需要参数。

应用举例：输入公式"=TODAY()"，显示出当前系统日期。同样，如果系统日期发生了改变，只要按【F9】键，即可更新数据。

（23）年份函数：YEAR(Serial_number)

主要功能：返回指定日期或引用单元格中对应的年份，返回值为 1900～9999 范围内的整数。

参数说明：Serial_number 为必要参数，是一个日期值，其中包含要查找的年份。

应用举例：直接在单元格中输入公式"=YEAR("2018/12/25")"，返回年份 2018。

（24）月份函数：MONTH(Serial_number)

主要功能：返回指定日期或引用单元格中对应的月份，返回值为 1～12 范围内的整数。

参数说明：Serial_number 为必要参数，是一个日期值，其中包含要查找的月份。

应用举例：直接在单元格中输入公式"=MONTH("2018-10-18")"，返回月份 10。

（25）文本合并函数：CONCATENATE(Text1,[Text2],…,[Text *n*])

主要功能：将几个文本项合并为一个文本项。

参数说明：至少有一个参数，最多有 255 个。参数可以是文本、数字、单元格地址等。

应用举例：在单元格 B1 和 B5 中分别输入文本"Micro"和"soft"，在 B2 单元格中输入公式"=CONCATENATE(B1,B5,"Excel")"，则结果为"Microsoft Excel"。

（26）截取字符串函数：MID(Text,Start_num,Num_chars)

主要功能：从文本字符串的指定位置开始截取指定数目的字符。

参数说明：Text 为必要参数，表示要截取字符的文本字符串；Start_num 为必要参数，表示指定的起始位置；Num_chars 为必要参数，表示要截取的字符个数。

应用举例：B2 中有文本"Microsoft Excel"，在 B1 中输入公式"=MID(B2,11,5)"，表示从 B2 中文本的第 11 个字符开始截取 5 个字符，结果为"Excel"。

（27）左侧截取字符串函数：LEFT(Text, [Num_chars])

主要功能：从文本字符串的左端（即第一个字符）开始截取指定数目的字符。

参数说明：Text 为必要参数，表示要截取字符的文本字符串；Num_chars 为可选参数，表示要截取的字符个数，必须大于或等于 0，如果省略，则默认值为 1。

应用举例：B2 中有文本"Microsoft Excel"，在 B1 中输入公式"=LEFT(B2,9)"表示从 B2 中的文本字符串中截取前 9 个字符，结果为"Microsoft"。

（28）右侧截取字符串函数：RIGHT(Text, [Num_chars])

主要功能：从一个文本字符串的右端（即最后一个字符）开始截取指定数目的字符。

参数说明：Text 为必要参数，表示要截取字符的文本字符串；Num_chars 为可选参数，表示要截取的字符个数，必须大于或等于 0，如果省略，则默认值为 1。

应用举例：B2 中有文本"Microsoft Excel"，在 B1 中输入公式"=RIGHT(B2,5)"表示从 B2 中的文本字符串中截取后 5 个字符，结果为"Excel"。

（29）删除空格函数：TRIM(Text)

主要功能：删除指定文本或区域中的前导空格和尾部空格。

参数说明：Text 表示需要删除空格的文本或区域。

应用举例：TRIM(" Microsoft Excel ")表示删除文本的前导空格和尾部空格，结果为“Microsoft Excel”。

（30）字符个数函数：LEN(Text)

主要功能：统计并返回指定文本字符串中的字符个数。

参数说明：Text 为必要参数，表示要统计其长度的文本，空格也将作为字符进行计数。

应用举例：B2 中有文本“Microsoft Excel”，则在 C2 中输入公式“=LEN(B2)”，表示统计 B2 中的字符串长度，统计结果为 15。

【例 8-1】使用 RANK 函数对图 8.9 所示的销售业绩表按照 26 个城市的总销售额进行排名。

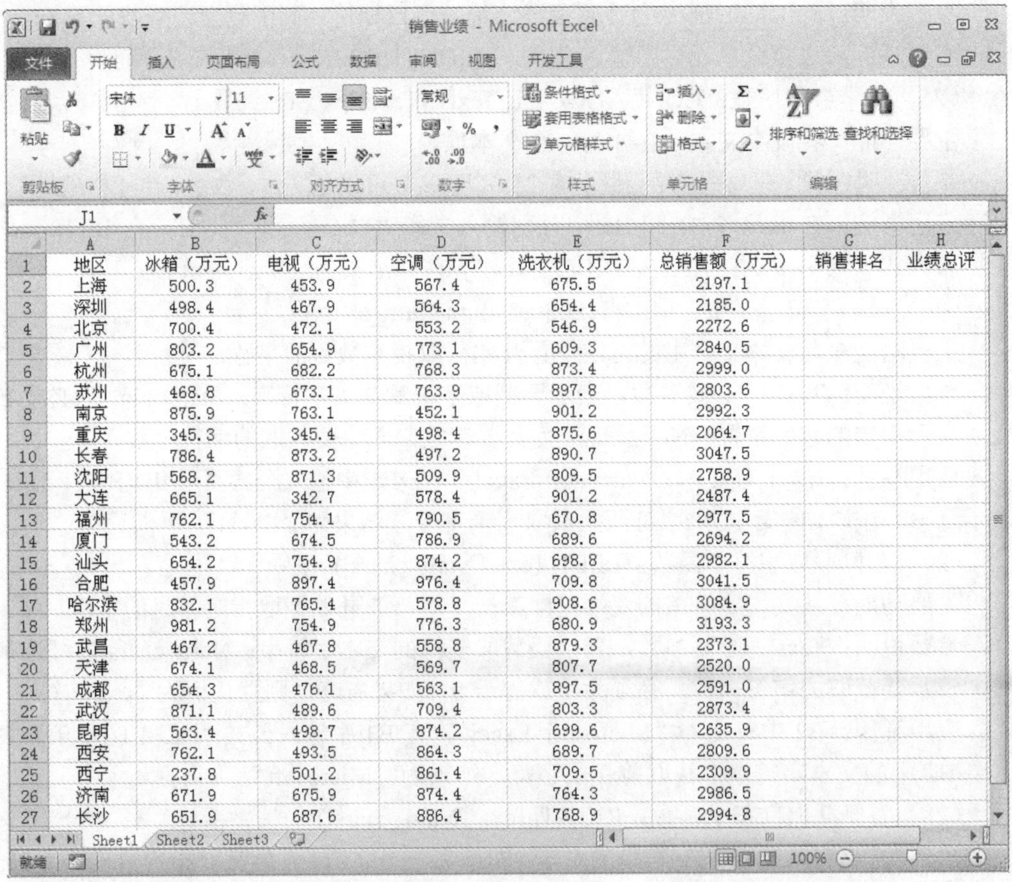

	A	B	C	D	E	F	G	H
1	地区	冰箱（万元）	电视（万元）	空调（万元）	洗衣机（万元）	总销售额（万元）	销售排名	业绩总评
2	上海	500.3	453.9	567.4	675.5	2197.1		
3	深圳	498.4	467.9	564.3	654.4	2185.0		
4	北京	700.4	472.1	553.2	546.9	2272.6		
5	广州	803.2	654.9	773.1	609.3	2840.5		
6	杭州	675.1	682.2	768.3	873.4	2999.0		
7	苏州	468.8	673.1	763.9	897.8	2803.6		
8	南京	875.9	763.1	452.1	901.2	2992.3		
9	重庆	345.3	345.4	498.4	875.6	2064.7		
10	长春	786.4	873.2	497.2	890.7	3047.5		
11	沈阳	568.2	871.3	509.9	809.5	2758.9		
12	大连	665.1	342.7	578.4	901.2	2487.4		
13	福州	762.1	754.1	790.5	670.8	2977.5		
14	厦门	543.2	674.5	786.9	689.6	2694.2		
15	汕头	654.2	754.9	874.2	698.8	2982.1		
16	合肥	457.9	897.4	976.4	709.8	3041.5		
17	哈尔滨	832.1	765.4	578.8	908.6	3084.9		
18	郑州	981.2	754.9	776.3	680.9	3193.3		
19	武昌	467.2	467.8	558.8	879.3	2373.1		
20	天津	674.1	468.5	569.7	807.7	2520.0		
21	成都	654.3	476.1	563.1	897.5	2591.0		
22	武汉	871.1	489.6	709.4	803.3	2873.4		
23	昆明	563.4	498.7	874.2	699.6	2635.9		
24	西安	762.1	493.5	864.3	689.7	2809.6		
25	西宁	237.8	501.2	861.4	709.5	2309.9		
26	济南	671.9	675.9	874.4	764.3	2986.5		
27	长沙	651.9	687.6	886.4	768.9	2994.8		

图 8.9 销售业绩表

操作实现：

1）选中 G2 单元格，输入公式“=RANK(F2,$F$2:$F$27,0)”，按【Enter】键。

2）拖动 G2 单元格右下角的填充柄，以填充方式得到其他城市的销售总额排名，结果如图 8.10 所示。

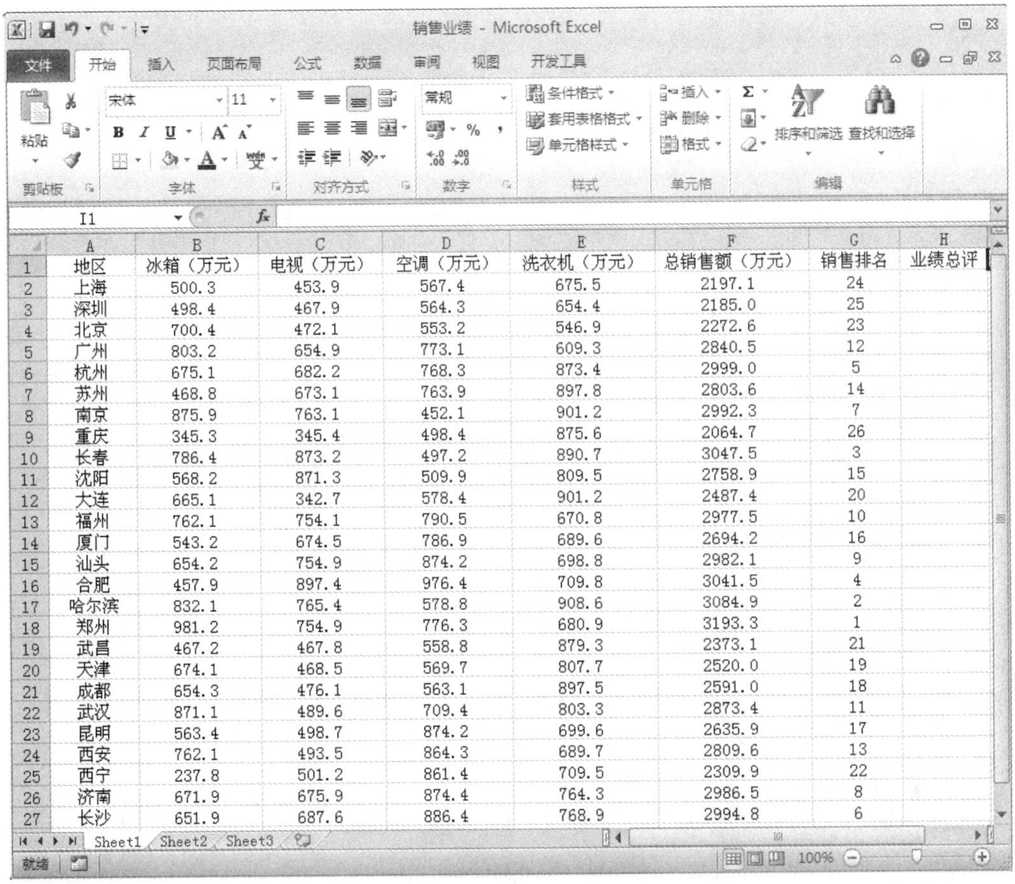

	A	B	C	D	E	F	G	H
1	地区	冰箱（万元）	电视（万元）	空调（万元）	洗衣机（万元）	总销售额（万元）	销售排名	业绩总评
2	上海	500.3	453.9	567.4	675.5	2197.1	24	
3	深圳	498.4	467.9	564.3	654.4	2185.0	25	
4	北京	700.4	472.1	553.2	546.9	2272.6	23	
5	广州	803.2	654.9	773.1	609.3	2840.5	12	
6	杭州	675.1	682.2	768.3	873.4	2999.0	5	
7	苏州	468.8	673.1	763.9	897.8	2803.6	14	
8	南京	875.9	763.1	452.1	901.2	2992.3	7	
9	重庆	345.3	345.4	498.4	875.6	2064.7	26	
10	长春	786.4	873.2	497.2	890.7	3047.5	3	
11	沈阳	568.2	871.3	509.9	809.5	2758.9	15	
12	大连	665.1	342.7	578.4	901.2	2487.4	20	
13	福州	762.1	754.1	790.5	670.8	2977.5	10	
14	厦门	543.2	674.5	786.9	689.6	2694.2	16	
15	汕头	654.2	754.9	874.2	698.8	2982.1	9	
16	合肥	457.9	897.4	976.4	709.8	3041.5	4	
17	哈尔滨	832.1	765.4	578.8	908.6	3084.9	2	
18	郑州	981.2	754.9	776.3	680.9	3193.3	1	
19	武昌	467.2	467.8	558.8	879.3	2373.1	21	
20	天津	674.1	468.5	569.7	807.7	2520.0	19	
21	成都	654.3	476.1	563.1	897.5	2591.0	18	
22	武汉	871.1	489.6	709.4	803.3	2873.4	11	
23	昆明	563.4	498.7	874.2	699.6	2635.9	17	
24	西安	762.1	493.5	864.3	689.7	2809.6	13	
25	西宁	237.8	501.2	861.4	709.5	2309.9	22	
26	济南	671.9	675.9	874.4	764.3	2986.5	8	
27	长沙	651.9	687.6	886.4	768.9	2994.8	6	

图 8.10　销售总额排名结果

使用 RANK 函数进行排名时，需要注意以下几点。

① 参数中的单元格地址和区域在拖动填充柄进行填充时，将被自动填写。

② 函数的第二个参数必须使用绝对引用，目的是保持排名的数据区域不变。如果采用相对引用，则拖动填充柄填充公式时，排名的数据区域将发生变化，不能得到正确的排名。

③ 函数的第三个参数为“0”或省略，用于指定总销售额从大到小排序。

【例 8-2】使用 IF 函数确定例 8-1 销售业绩表的销售业绩总评，要求：总销售额≥3000 万元，业绩总评为“优”；2400 万元≤总销售额<3000 万元，业绩总评为“良”；2000 万元≤总销售额<2400 万元，业绩总评为“中”；总销售额<2000 万元，业绩总评为“未达标”。

操作实现：

1）选中 H2 单元格，输入公式“=IF(F2>=3000,"优",IF(F2>=2400,"良",IF(F2>=2000,"中","未达标")))”，按【Enter】键。

2）拖动 H2 单元格右下角的填充柄，以填充方式得到其他城市的销售业绩总评，结果如图 8.11 所示。

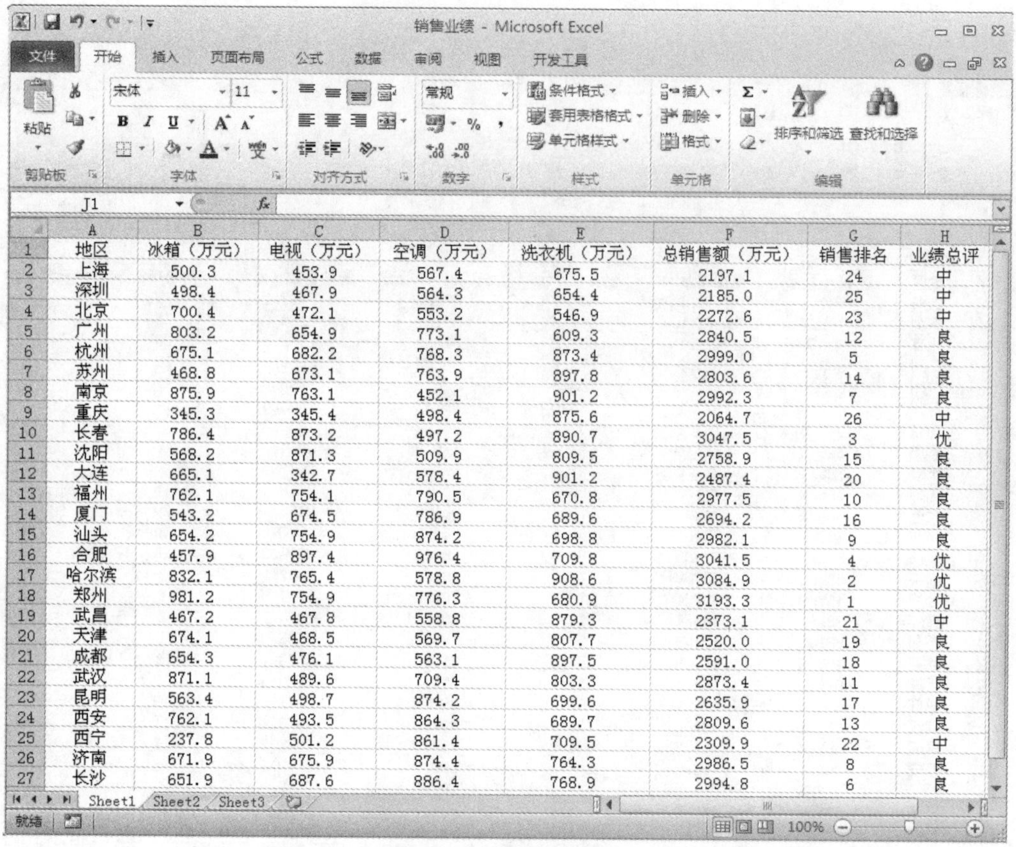

	A	B	C	D	E	F	G	H
1	地区	冰箱（万元）	电视（万元）	空调（万元）	洗衣机（万元）	总销售额（万元）	销售排名	业绩总评
2	上海	500.3	453.9	567.4	675.5	2197.1	24	中
3	深圳	498.4	467.9	564.3	654.4	2185.0	25	中
4	北京	700.4	472.1	553.2	546.9	2272.6	23	中
5	广州	803.2	654.9	773.1	609.3	2840.5	12	良
6	杭州	675.1	682.2	768.3	873.4	2999.0	5	良
7	苏州	468.8	673.1	763.9	897.8	2803.6	14	良
8	南京	875.9	763.1	452.1	901.2	2992.3	7	良
9	重庆	345.3	345.4	498.4	875.6	2064.7	26	中
10	长春	786.4	873.2	497.2	890.7	3047.5	3	优
11	沈阳	568.2	871.3	509.9	809.5	2758.9	15	良
12	大连	665.1	342.7	578.4	901.2	2487.4	20	良
13	福州	762.1	754.1	790.5	670.8	2977.5	10	良
14	厦门	543.2	674.5	786.9	689.6	2694.2	16	良
15	汕头	654.2	754.9	874.2	698.8	2982.1	9	良
16	合肥	457.9	897.4	976.4	709.8	3041.5	4	优
17	哈尔滨	832.1	765.4	578.8	908.6	3084.9	2	优
18	郑州	981.2	754.9	776.3	680.9	3193.3	1	优
19	武昌	467.2	467.8	558.8	879.3	2373.1	21	中
20	天津	674.1	468.5	569.7	807.7	2520.0	19	良
21	成都	654.3	476.1	563.1	897.5	2591.0	18	良
22	武汉	871.1	489.6	709.4	803.3	2873.4	11	良
23	昆明	563.4	498.7	874.2	699.6	2635.9	17	良
24	西安	762.1	493.5	864.3	689.7	2809.6	13	良
25	西宁	237.8	501.2	861.4	709.5	2309.9	22	中
26	济南	671.9	675.9	874.4	764.3	2986.5	8	良
27	长沙	651.9	687.6	886.4	768.9	2994.8	6	良

图 8.11 销售业绩总评结果

本例中使用单独的 IF 函数无法判断最终的业绩总评，需要多个 IF 函数嵌套使用，且函数中涉及的“优”“良”“中”“未达标”等文字部分必须使用英文半角状态下的双引号引起，需要特别注意。

【例 8-3】“学生档案”工作簿中包含学生信息表和学生成绩表两个表，如图 8.12 和图 8.13 所示。其中，学生成绩表已经按照“学号”批阅并录入了本学期每个学生的各科成绩。现要求使用 VLOOPUP 函数从学生信息表中引用与“学号”相匹配的姓名填入学生成绩表的“姓名”列中。

操作实现：

两个数据表中均包含“学号”列，从学生信息表和学生成绩表中搜索出“学号”相等的记录，表明已从学生信息表找到学生成绩表中每个学生的姓名，从而填写学生成绩表的“姓名”列。

1）选中学生成绩表的 B3 单元格，输入公式“=VLOOPUP(A3,学生信息表!$A$3:$L$19,1,FALSE)”，按【Enter】键。

2）拖动 B3 单元格右下角的填充柄，以填充方式填写其他学生的姓名，结果如图 8.14 所示。

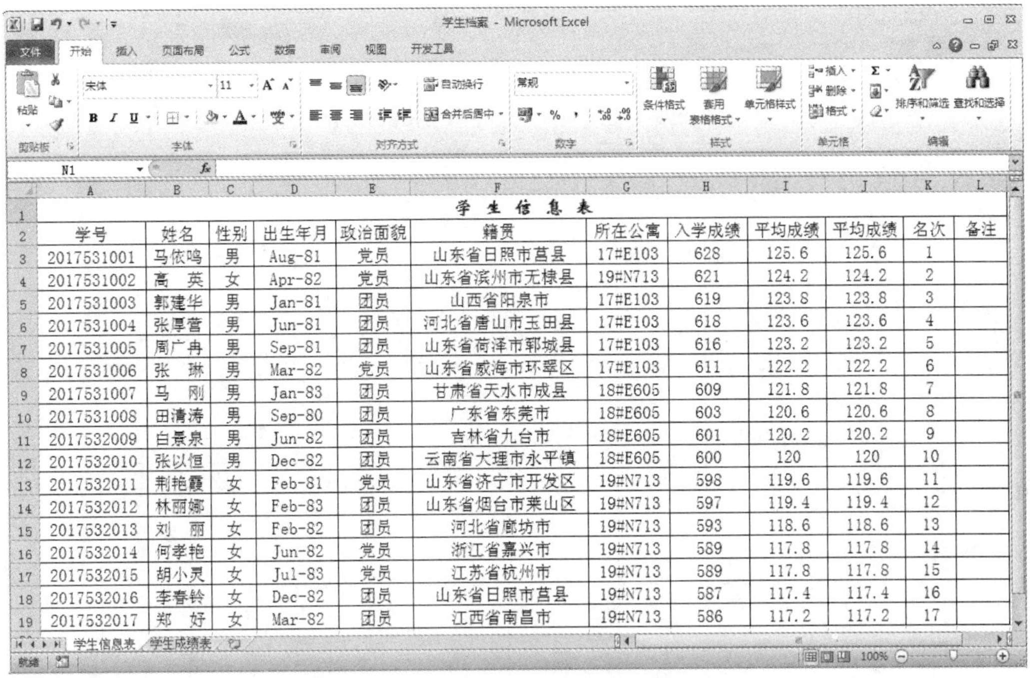

图 8.12 学生信息表

图 8.13 学生成绩表

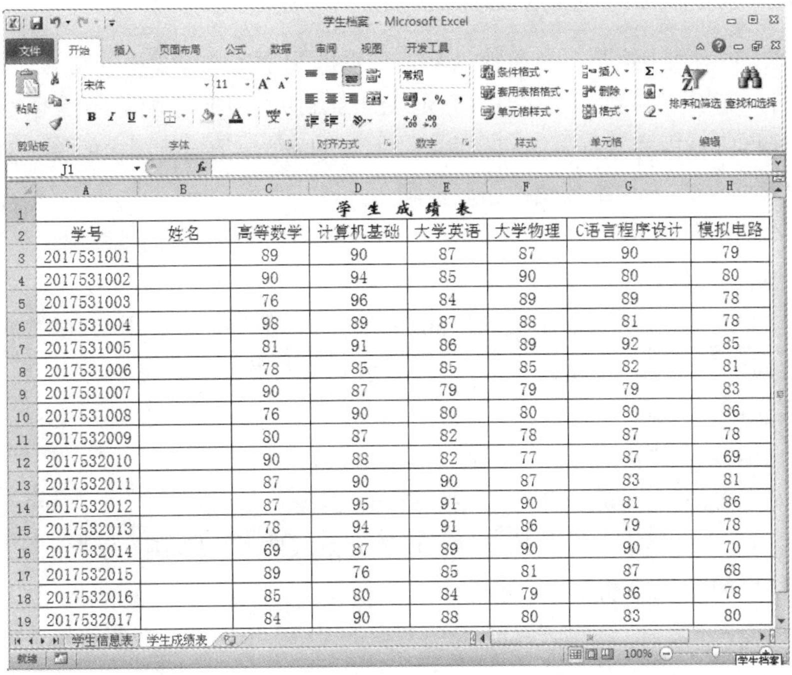

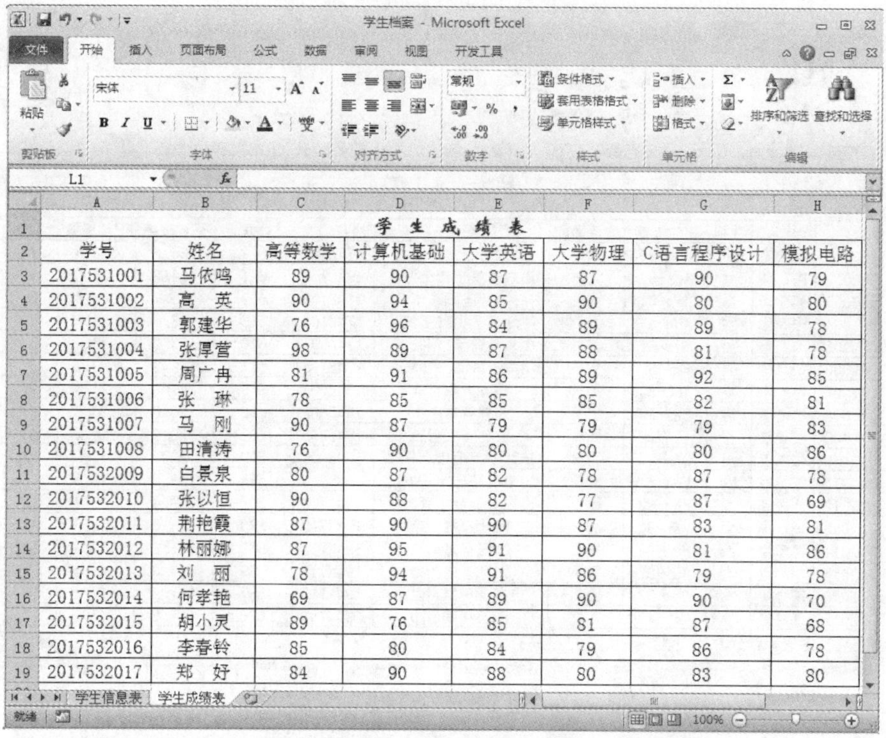

	A	B	C	D	E	F	G	H
1	学 生 成 绩 表							
2	学号	姓名	高等数学	计算机基础	大学英语	大学物理	C语言程序设计	模拟电路
3	2017531001	马依鸣	89	90	87	87	90	79
4	2017531002	高 英	90	94	85	90	80	80
5	2017531003	郭建华	76	96	84	89	89	78
6	2017531004	张厚营	98	89	87	88	81	78
7	2017531005	周广冉	81	91	86	89	92	85
8	2017531006	张 琳	78	85	85	85	82	81
9	2017531007	马 刚	90	87	79	79	79	83
10	2017531008	田清涛	76	90	80	80	80	86
11	2017532009	白景泉	80	87	82	78	87	78
12	2017532010	张以恒	90	88	82	77	87	69
13	2017532011	荆艳霞	87	90	90	87	83	81
14	2017532012	林丽娜	87	95	91	90	81	86
15	2017532013	刘 丽	78	94	91	86	79	78
16	2017532014	何孝艳	69	87	89	90	90	70
17	2017532015	胡小灵	89	76	85	81	87	68
18	2017532016	李春铃	85	80	84	79	86	78
19	2017532017	郑 好	84	90	88	80	83	80

图 8.14 使用 VLOOKUP 函数在学生成绩表中填写姓名

VLOOKUP 函数中，第一个参数“A3”表明匹配学生成绩表中的与 A3 单元格内容相等的数据，第二个参数“学生信息表!$A$3:$L$19”表明匹配范围是学生信息表中 A3:L19 单元格区域内的数据，第三个参数“1”表明匹配指定范围内的第 1 列数据，第四个参数“FALSE”表明函数使用精确匹配。

【例 8-4】在图 8.12 所示的学生信息表中，“学号”从第 5 位开始的连续 3 位数字，若取值为“531”，则表明学生为“定向生”；若取值为“532”，则表明学生为“非定向生”。使用字符串截取函数 MID 截取出此连续的 3 位数字，并使用 IF 函数判断每一个学生是“定向生”还是“非定向生”，将判断结果填入“备注”列。

操作实现：

1）选中学生信息表的 L3 单元格，输入公式“=IF(MID(A3,5,3)="531","定向生",IF(MID(A3,5,3)="532","非定向生"))”，按【Enter】键。

2）拖动 L3 单元格右下角的填充柄，以填充方式填写其他学生为“定向生”或“非定向生”，结果如图 8.15 所示。

MID 函数中，第一个参数“A3”表明截取的是 A3 单元格中的字符串，第二个参数“5”表明从第 5 个字符开始截取，第三个参数“3”表明连续截取 3 个字符。

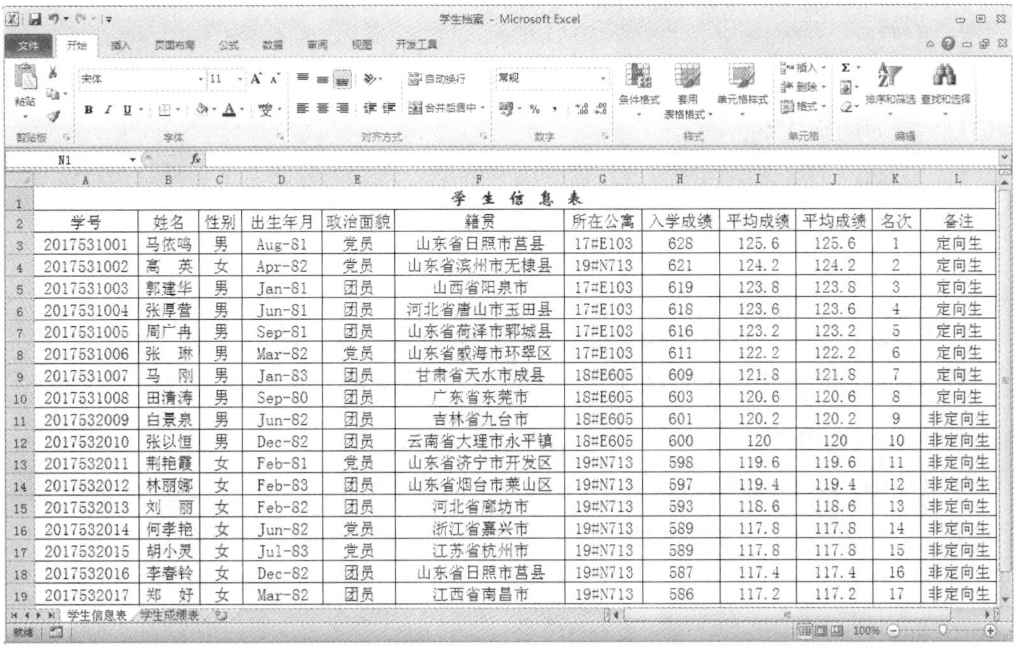

学号	姓名	性别	出生年月	政治面貌	籍贯	所在公寓	入学成绩	平均成绩	平均成绩	名次	备注
2017531001	马依鸣	男	Aug-81	党员	山东省日照市莒县	17#E103	628	125.6	125.6	1	定向生
2017531002	高　英	女	Apr-82	党员	山东省滨州市无棣县	19#N713	621	124.2	124.2	2	定向生
2017531003	郭建华	男	Jan-81	团员	山西省阳泉市	17#E103	619	123.8	123.8	3	定向生
2017531004	张厚营	男	Jun-81	团员	河北省唐山市玉田县	17#E103	618	123.6	123.6	4	定向生
2017531005	周广冉	男	Sep-81	团员	山东省荷泽市郓城县	17#E103	616	123.2	123.2	5	定向生
2017531006	张　琳	男	Mar-82	党员	山东省威海市环翠区	17#E103	611	122.2	122.2	6	定向生
2017531007	马　刚	男	Jan-83	团员	甘肃省天水市成县	18#E605	609	121.8	121.8	7	定向生
2017531008	田清涛	男	Sep-80	团员	广东省东莞市	18#E605	603	120.6	120.6	8	定向生
2017532009	白景泉	男	Jun-82	团员	吉林省九台市	18#E605	601	120.2	120.2	9	非定向生
2017532010	张以恒	男	Dec-82	团员	云南省大理市永平镇	18#E605	600	120	120	10	非定向生
2017532011	荆艳霞	女	Feb-81	党员	山东省济宁市开发区	19#N713	598	119.6	119.6	11	非定向生
2017532012	林丽娜	女	Feb-83	团员	山东省烟台市莱山区	19#N713	597	119.4	119.4	12	非定向生
2017532013	刘　丽	女	Feb-82	团员	河北省廊坊市	19#N713	593	118.6	118.6	13	非定向生
2017532014	何孝艳	女	Jun-82	党员	浙江省嘉兴市	19#N713	589	117.8	117.8	14	非定向生
2017532015	胡小灵	女	Jul-83	党员	江苏省杭州市	19#N713	589	117.8	117.8	15	非定向生
2017532016	李春铃	女	Dec-82	团员	山东省日照市莒县	19#N713	587	117.4	117.4	16	非定向生
2017532017	郑　好	女	Mar-82	团员	江西省南昌市	19#N713	586	117.2	117.2	17	非定向生

图 8.15 使用 MID 函数截取标识“定向生”或“非定向生”的字符串

8.4 常见问题及解决方法

用户在使用 Excel 公式或函数时，经常会看到单元格中显示“#REF!”“#N/A”“#NUM!”等错误信息，如果知道它们所代表的含义，解决问题就会得心应手，有助于更好地发现并及时更正使用公式或函数时出现的错误。

1. #VALUE!

产生原因：①在本应输入数字或逻辑值时输入了文本，使 Excel 不能将文本转换为函数所需的数据类型。例如，A1 中是一个数值，B1 中是文本，则公式“=A1+B1”将产生错误，提示“#VALUE!”错误信息。②函数或运算符需要的是一个单一数值，却赋予了一个数值区域。例如，A1 中是一个数值，A1:B4 中是一组数值，则公式“=ABS(A1)”是正确的，“=ABS(A1:B4)”则是错误的，也将提示“#VALUE!”错误信息。

解决方法：确认公式或函数所需的运算符或参数是否正确。

2. #DIV/0!

产生原因：①在输入公式时，除数使用了指向空单元格或包含零值单元格的引用（注意：如果运算对象是空白单元格，Excel 将视为零值）；②输入的公式包含显式的除数 0，如“=5/0”。

解决方法：将除数改为非零数值。

3. #####

产生原因：①单元格的宽度不足，不能显示公式或函数的全部运算结果；②单元格中的日期或时间格式不正确。

解决方法：①改变单元格宽度，使其能够容纳公式或函数的全部运算结果；②更正为正确的日期或时间格式。

4. #NAME?

产生原因：①名称拼写错误；②在公式中输入文本时没有使用双引号。

解决方法：①更正为正确的名称；②为输入的文本加上双引号。

5. #REF!

产生原因：单元格区域引用无效，具体如下。①删除了其他公式引用的单元格区域；②将剪切或复制的单元格数据粘贴到了由其他公式引用的单元格区域中。

解决方法：①更改公式；②单击"撤销"按钮，以恢复工作表中的单元格区域。

6. #NUM!

产生原因：公式或函数中某个数字有问题，具体如下。①在需要数字参数的函数中使用了不能接受的参数；②由公式产生的数字太大或太小，Excel 不能表示。

解决方法：①确认函数中使用的参数类型正确无误；②修改公式，使其结果在有效数字范围之内。

7. #N/A

产生原因：公式或函数中引用的单元格没有可用数值。

解决方法：如果某些单元格暂时没有数值，可在这些单元格中输入"#N/A"，公式在引用这些单元格时，将不进行数值计算，而是返回"#N/A"。

8. #NULL

产生原因：试图为两个不相交的单元格区域指定交叉点。

解决方法：如果要引用两个不相交的单元格区域，则应使用联合运算符","，或保证两个单元格区域有交集。

第9章 使用 Excel 创建图表

在 Excel 中，图表将工作表中的数据用图形表示出来。图表可以使数据更加直观、易于阅读和评价，可以帮助用户分析和比较数据。当基于工作表选定区域建立图表时，Excel 使用来自工作表的值，并将其当作数据点在图表上显示。数据点用条形、线条、柱形、切片、点及其他形状表示。这些形状称为数据标志。建立好图表之后，可以通过增加图表项，如数据标记，图例、标题、文字、趋势线，误差线及网格线来美化图表及强调某些信息。大多数图表项可被移动或调整。我们也可以用图案、颜色、对齐、字体及其他格式属性来设置这些图表项的格式。

9.1 创 建 图 表

Excel 2010 主要提供了两种图表形式，一种是嵌入式图表，能够在显示表格数据的同时，嵌入图表来描述表格数据；另一种是以工作表形式存在的独立图表。无论使用哪一种形式，图表均来源于 Excel 表格数据，都是对表格数据的形象化描述。因此，创建图表时，首先要指定 Excel 表格作为数据源。

1. 嵌入式图表

嵌入式图表可以配合 Excel 表格数据进行显示，便于对表格数据做出比较和分析。创建嵌入式图表的具体操作步骤如下：

1）打开 Excel 工作表，选定要创建图表的区域。例如，使用嵌入式图表显示销售业绩表中每种产品的月收入，则选中图 9.1 中的单元格区域 A1:D14。

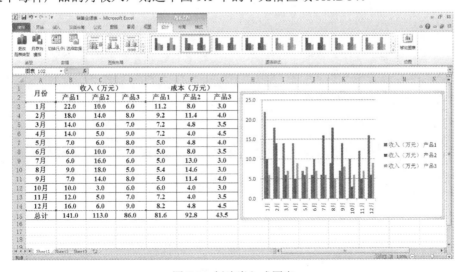

图 9.1　创建嵌入式图表

2）单击"插入"选项卡"图表"选项组右下角的对话框启动器，如图 9.2 所示，打开"插入图表"对话框，如图 9.3 所示。

图 9.2 "插入"选项卡

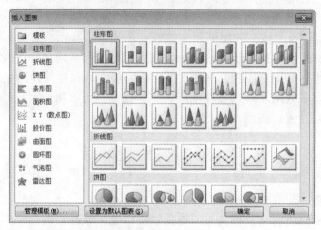

图 9.3 "插入图表"对话框

3）根据需要，在"插入图表"对话框中选择一种图表类型，如选择"簇状柱形图"。

4）单击"确定"按钮，完成图表的创建，结果如图 9.1 所示。

用户也可单击"插入"选项卡"图表"选项组中的下拉按钮，在弹出的下拉列表中选择要插入的图表类型。另外，用户可对图表的尺寸和位置进行调整。

【例 9-1】饼图用于显示一组数据中各项数值占数值总和的份额。某企业各部门的本年度材料消耗费统计于 Excel 工作表中，如图 9.4 所示。建立图表，使用"分离型三维饼图"统计各部门材料消耗的百分比。

图 9.4 材料费用表

操作实现：

1）选中 A1:B8 单元格区域，单击"插入"选项卡"图表"选项组右下角的对话框启动器，打开"插入图表"对话框。

2）选择"饼图"中的"分离型三维饼图"选项。

3）单击"确定"按钮，插入饼图。

4）右击饼图的圆饼区域，在弹出的快捷菜单中选择"添加数据标签"选项，再次右击饼图的圆饼区域，在弹出的快捷菜单中选择"设置数据标签格式"选项，打开"设置数据标签格式"对话框。

5）在"标签选项"选项卡"标签包括"选项组中选中"百分比"复选框，并取消选中"值"复选框。

6）单击"关闭"按钮，在饼图上显示各部门材料消耗的百分比，如图 9.5 所示。

图 9.5 分离型三维饼图

2．独立图表

独立图表以工作表形式存在，工作表中将不显示表格数据，而只显示图表。创建独立图表的具体操作步骤如下：

1）为指定的单元格区域创建嵌入式图表后，继续单击"图表工具-设计"选项卡"位置"选项组中的"移动图表"按钮，如图 9.6 所示，打开"移动图表"对话框，如图 9.7 所示。

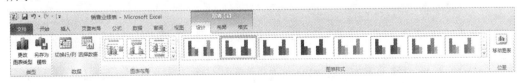

图 9.6 "图表工具-设计"选项卡

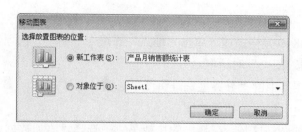

图 9.7 "移动图表"对话框

2）选中"新工作表"单选按钮，并在对应的文本框中输入新工作表名称，如"产品月销售额统计图表"。

3）单击"确定"按钮，完成创建，结果如图 9.8 所示。

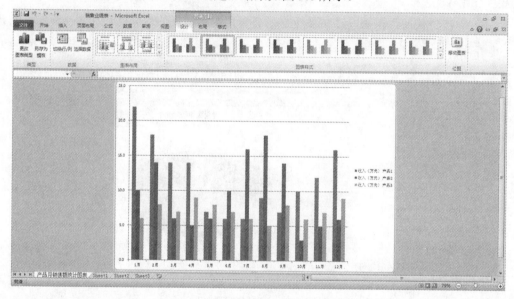

图 9.8 独立图表

9.2 编 辑 图 表

当基本图表创建好后，可以根据需要对图表进行修饰和完善，以期达到令人满意的效果，或者使用相同的图表样式来重新选择数据源进行显示，这就涉及对图表进行编辑。当数据表格中的数据发生变化时，图表会随着数据的变化自动进行更新。

1. 更改图表类型

Excel 2010 提供了丰富多彩、形式多样的图表类型，如果用户对当前图表类型不满意，则可对当前图表类型进行更改。更改图表类型的具体操作步骤如下：

1）在工作区中选中要更改类型的图表。

2）单击"插入"选项卡"图表"选项组右下角的对话框启动器，打开"更改图表类型"对话框，如图 9.9 所示。

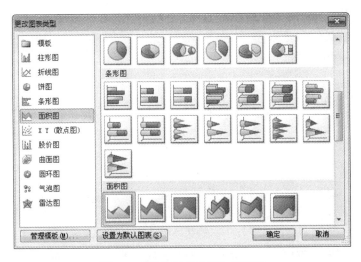

图 9.9　"更改图表类型"对话框

3）选择要使用的图表类型，如将图 9.1 中的"簇状柱形图"更改为"面积图"。

4）单击"确定"按钮，完成更改。此时，被更改类型的图表就会显示在工作区中，结果如图 9.10 所示。

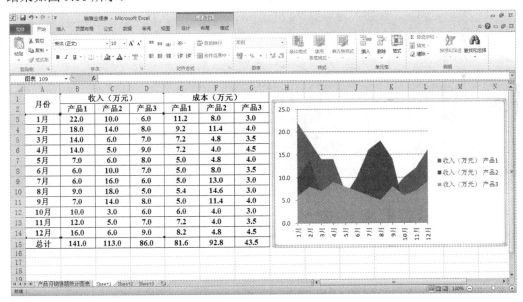

图 9.10　将"簇状柱形图"更改为"面积图"

2. 更换数据源

如果要使用当前的图表样式显示其他数据，可以更换显示的数据源。更换数据源的具体操作步骤如下：

1）在工作区中选中要更换数据源的图表。

2）单击"图表工具-设计"选项卡"数据"选项组中的"选择数据"按钮，打开"选择数据源"对话框,如图 9.11 所示。

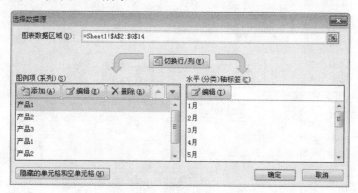

图 9.11 "选择数据源"对话框

3)单击"图表数据区域"文本框右侧的按钮,重新选择要显示的单元格区域,如显示图 9.1 销售业绩表中每种产品的月成本,则选中 A1:A14 和 E1:G14 两个单元格区域。分别单击"图例项(系列)"列表框中的"添加""编辑""删除"按钮,可以对图表中的显示数据进行添加、编辑、删除操作;单击"水平(分类)轴标签"列表框中的"编辑"按钮,可以对横坐标轴的标签进行修改。

4)单击"确定"按钮,完成数据源的更换,结果如图 9.12 所示。

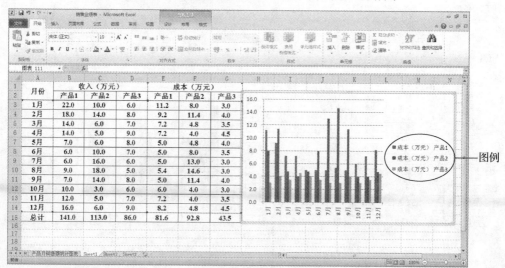

图 9.12 更换数据源后的图表

3. 设置标签

为图表设置标签将有助于更清晰地呈现数据。Excel 图表标签主要包括图表标题、坐标轴标题、图例、数据标签和模拟运算表。

(1)图表标题

标题可以帮助用户从整体上把握数据信息的内涵。单击"图表工具-布局"选项卡"标签"选项组中的"图表标题"下拉按钮,如图 9.13 所示,可在弹出的下拉列表中设置标题的位置和格式。

图 9.13　"标签"选项组

（2）坐标轴标题

图表的横纵坐标轴标题能够帮助用户清晰了解横纵坐标标签的含义。单击"图表工具-布局"选项卡"标签"选项组中的"坐标轴标题"下拉按钮，如图 9.13 所示，在弹出的下拉列表中选择"主要横坐标轴标题"或"主要纵坐标轴标题"选项，均可弹出级联菜单，可根据需要设置坐标轴标题的位置和格式。

（3）图例

如图 9.12 中的椭圆形区域即为图例，单击"图表工具-布局"选项卡"标签"选项组中的"图例"下拉按钮，在弹出的下拉列表中可以设置图例的位置和格式。

（4）数据标签

数据标签的功能是将表格数据显示在图例的邻域内，用以配合图例的显示。单击"图表工具-布局"选项卡"标签"选项组中的"数据标签"下拉按钮，在弹出的下拉列表中可以设置数据标签的位置和格式。

（5）模拟运算表

可以在图表的横坐标轴下生成与数据标签等值的模拟运算表，并以二维表格的形式显示数据。单击"图表工具-布局"选项卡"标签"选项组中的"模拟运算表"下拉按钮，在弹出的下拉列表中设置模拟运算表的位置和格式。

例如，设置产品月销售额统计图表的图表标题为"产品月收入"，位于图表上方；横坐标轴标题为"月份"，位于横坐标轴下方；纵坐标轴标题为"收入"，设置为竖排显示；图例在顶部显示；数据标签居中显示，如图 9.14 所示。

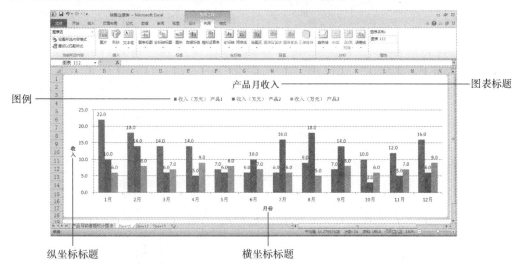

图 9.14　设置标签

4. 设置格式

通过设置图表格式，能够从细节上完善和美化图表外观，使图表更为清晰、精美。设置图表格式的具体操作步骤如下：

1）右击当前图表中的空白区域，弹出的快捷菜单如图 9.15 所示。

2）选择"设置图表区域格式"选项，打开"设置图表区格式"对话框，如图 9.16 所示。

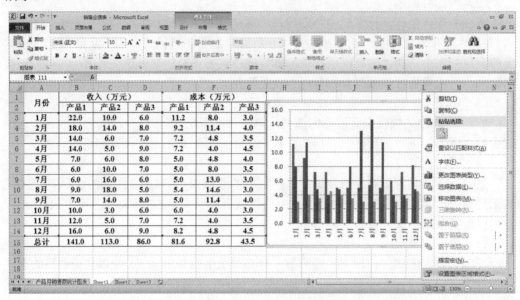

图 9.15　图表快捷菜单

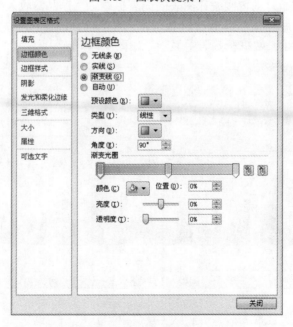

图 9.16　"设置图表区格式"对话框

3）根据需要，更改对话框中各选项，对图表进行格式的设置。

4）单击“关闭”按钮，即可完成设置。

9.3　创建和编辑迷你图表

迷你图表即微型图表，是 Excel 2010 提供的一种全新图表绘制工具，其以一个单元格为绘图单位，在一个单元格中以图表方式显示小范围单元格区域的数据。

1. 创建迷你图表

通常，输入表格中的数据，其逻辑性很强，很难一眼看出数据的分布形态，在数据旁边插入迷你图表，能够清晰简明地显示出相邻数据的变化趋势，如收入的季节性增加或减少、经济数据周期变化等，还能够突出显示较大值和较小值，且只占用少量的存储空间。当数据被更新时，这些更新会立刻反映到迷你图表上。例如，对于图 9.1 销售业绩表，可在第 14 行与第 15 行之间插入一行，如图 9.17 所示，并在插入行的每个单元格中使用迷你图表显示每种产品的月收入或月成本变化趋势。

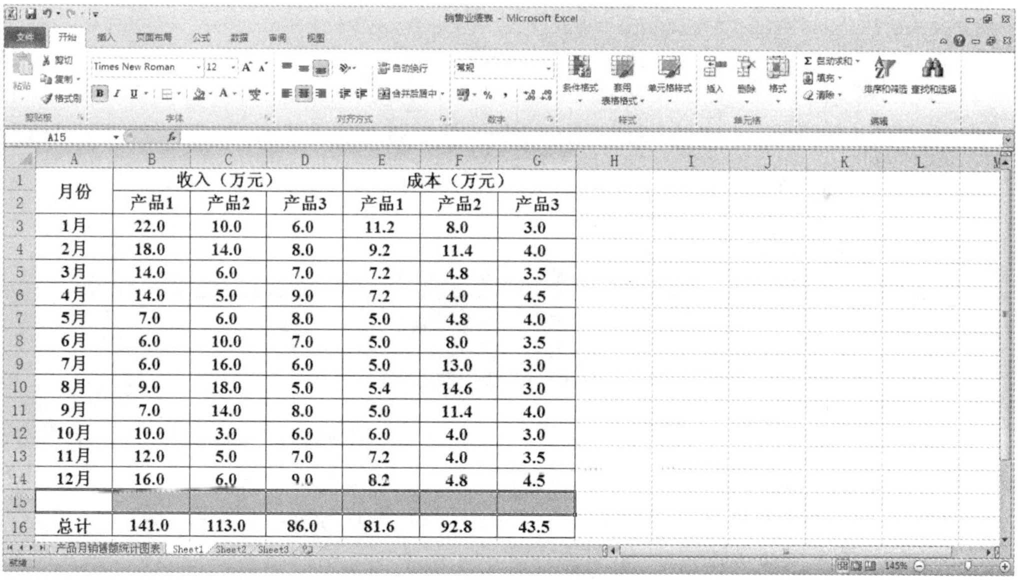

月份	收入（万元）			成本（万元）		
	产品1	产品2	产品3	产品1	产品2	产品3
1月	22.0	10.0	6.0	11.2	8.0	3.0
2月	18.0	14.0	8.0	9.2	11.4	4.0
3月	14.0	6.0	7.0	7.2	4.8	3.5
4月	14.0	5.0	9.0	7.2	4.0	4.5
5月	7.0	6.0	8.0	5.0	4.8	4.0
6月	6.0	10.0	7.0	5.0	8.0	3.5
7月	6.0	16.0	6.0	5.0	13.0	3.0
8月	9.0	18.0	5.0	5.4	14.6	3.0
9月	7.0	14.0	8.0	5.0	11.4	4.0
10月	10.0	3.0	6.0	6.0	4.0	3.0
11月	12.0	5.0	7.0	7.2	4.0	3.5
12月	16.0	6.0	9.0	8.2	4.8	4.5
总计	141.0	113.0	86.0	81.6	92.8	43.5

图 9.17　插入创建迷你图表的空白行

具体的操作步骤如下：

1）在工作区选中要插入迷你图表的单元格区域，如图 9.17 所示插入一个空白行后，选中单元格区域 B15:G15 来显示每一种产品的月收入或月成本迷你图表。

2）单击“插入”选项卡“迷你图”选项组中的一个按钮，确定要插入的迷你图表类型。例如，单击“折线图”按钮，打开“创建迷你图”对话框，如图 9.18 所示。

3）单击“数据范围”文本框右侧的按钮，选择要显示迷你图表的数据源。例如，在图 9.17 中选择单元格区域 B3:G14。

4）单击“确定”按钮，迷你图表创建完毕，结果如图 9.19 所示。

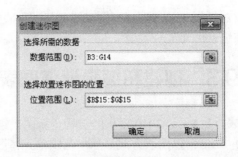

图 9.18 “创建迷你图”对话框

月份	收入（万元）			成本（万元）		
	产品1	产品2	产品3	产品1	产品2	产品3
1月	22.0	10.0	6.0	11.2	8.0	3.0
2月	18.0	14.0	8.0	9.2	11.4	4.0
3月	14.0	6.0	7.0	7.2	4.8	3.5
4月	14.0	5.0	9.0	7.2	4.0	4.5
5月	7.0	6.0	8.0	5.0	4.8	4.0
6月	6.0	10.0	7.0	5.0	8.0	3.5
7月	6.0	16.0	6.0	5.0	13.0	3.0
8月	9.0	18.0	5.0	5.4	14.6	3.0
9月	7.0	14.0	8.0	5.0	11.4	4.0
10月	10.0	3.0	6.0	6.0	4.0	3.0
11月	12.0	5.0	7.0	7.2	4.0	3.5
12月	16.0	6.0	9.0	8.2	4.8	4.5
总计	141.0	113.0	86.0	81.6	92.8	43.5

填充柄

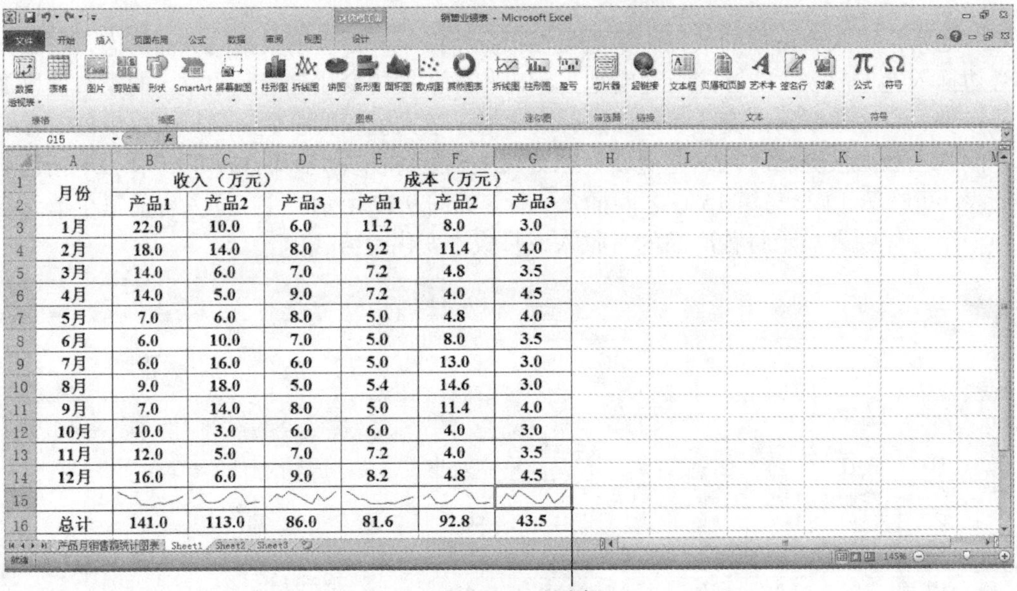

图 9.19 迷你图表

迷你图表创建成功后，在生成的迷你图表上右击，在弹出的快捷菜单中选择“迷你图”选项，可在弹出的级联菜单中修改迷你图表的显示位置、数据源、数据源数据和删除迷你图表。与 Excel 工作区的图表不同，迷你图表并非对象，它实际上是一个嵌入在单元格内的微型图表，可使用迷你图表为背景，在其单元格内输入其他数据。在打印包含迷你图表的工作表时，迷你图表也将同时被打印。

2. 复制迷你图表

使用包含迷你图表的单元格右下角的填充柄，如图 9.19 所示，能够为其他数据快速创建迷你图表。例如，在 H3 单元格内创建迷你图表，显示 1 月份每种产品的收入和成本走势，如图 9.20 所示。拖动 H3 单元格的填充柄到 H14，能够快速创建迷你图表，显示其他月份每种产品的收入和成本走势，如图 9.21 所示。

3. 更改迷你图表类型

当选中创建的迷你图表时，功能区将自动弹出“迷你图工具-设计”选项卡，如图 9.22

所示，可以使用该选项卡对迷你图表进行编辑。更改创建的迷你图表类型的具体操作步骤如下：

1）选中要更改迷你图表类型的单元格。如果被选中单元格中的迷你图表是以拖动填充柄的方式生成的，则默认情况下该迷你图表和单元格处于组合状态。此时，必须先取消组合状态。

2）根据需要，单击"迷你图工具-设计"选项卡"类型"选项组中的类型按钮，即可完成更改。

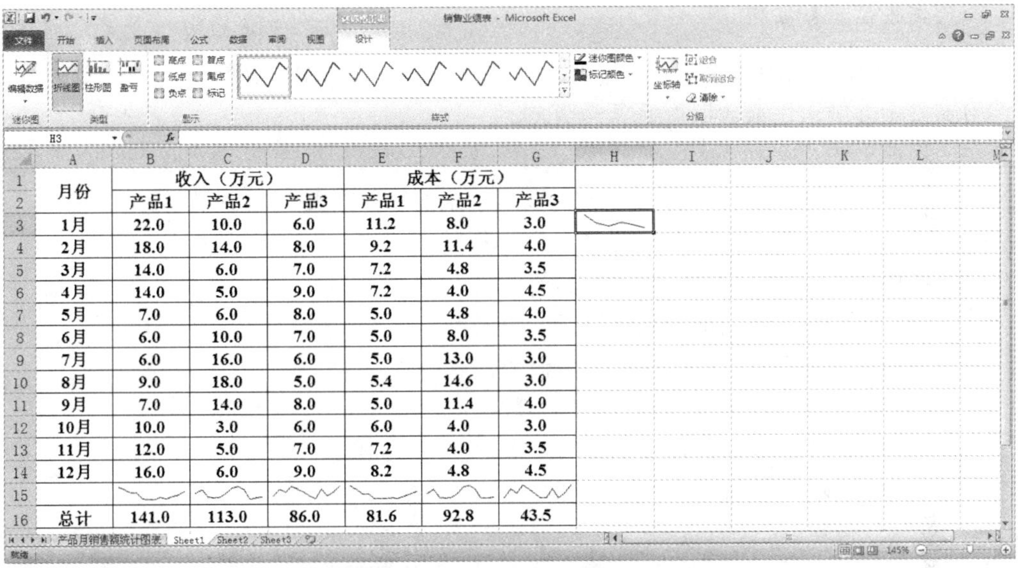

图 9.20　创建 1 月份每种产品的收入和成本迷你图表

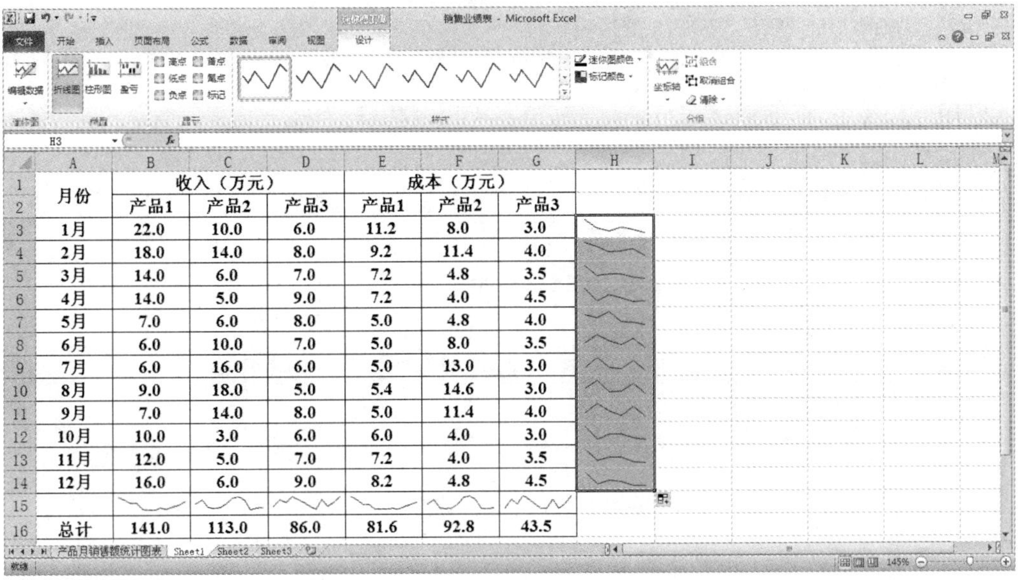

图 9.21　通过拖动填充柄快速创建迷你图表

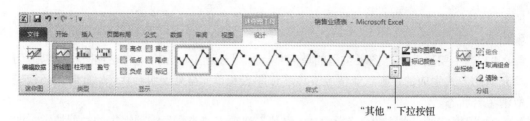

"其他"下拉按钮

图 9.22 "迷你图工具-设计"选项卡

4. 突出显示数据点

迷你图表中不同的数据点可以设置为突出显示,具体操作步骤如下:

1)选中要突出显示数据点的迷你图表。

2)根据需要,选中"迷你图工具-设计"选项卡"显示"选项组中的复选框,决定要显示迷你图表中的哪些数据点。例如,要显示全部迷你图表,则选中"标记"复选框,结果如图 9.23 所示。"显示"选项组中各复选框的作用如下:

① 选中"高点"复选框,显示最高值数据点。

② 选中"低点"复选框,显示最低值数据点。

③ 选中"负点"复选框,显示负数值数据点。

④ 选中"首点"复选框,显示第一个数据点。

⑤ 选中"尾点"复选框,显示最后一个数据点。

⑥ 选中"标记"复选框,显示全部数据点。

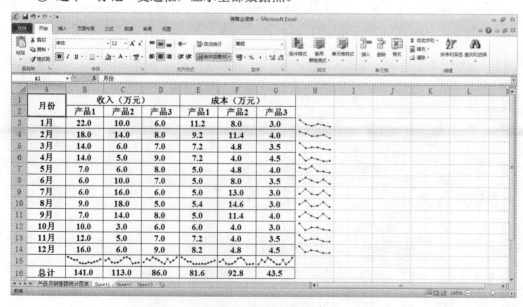

图 9.23 显示全部数据点

5. 设置迷你图表样式

对迷你图表的样式可重新进行设置,以更好地配合数据显示。设置迷你图表样式的具体操作步骤如下：

1）选中要设置样式的迷你图表。

2）单击“迷你图工具-设计”选项卡“样式”选项组中的“其他”下拉按钮，如图 9.22 所示，展开 Excel 2010 内置的迷你图表样式，如图 9.24 所示。

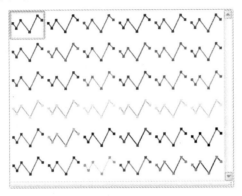

图 9.24　迷你图表样式

3）根据需要，选择一种内置样式，即可完成设置。

通过单击“迷你图工具-设计”选项卡“样式”选项组中的“迷你图颜色”下拉按钮和“标记颜色”下拉按钮，可以设置迷你图表的曲线颜色和数据点颜色。

【例 9-2】“学生成绩”工作簿中包含单科成绩表和总成绩表两个工作表，分别如图 9.25 和图 9.26 所示。其中，单科成绩表已录入每个学生 4 次考试的各科成绩。要求在总成绩表内统计每个学生每次考试的总成绩，并绘制迷你图表，显示总成绩变化趋势。

	A	B	C	D	E	F	G	H	I	J	K	L	M	N	O	P	Q	R	S	T	U	V
1	学号	姓名	数学				英语				语文				物理				化学			
2	2017224001	李一鸣	95	90	90	97	80	81	87	78	90	78	80	87	80	87	85	88	90	80	87	85
3	2017224002	王金芬	89	90	92	96	89	90	87	85	78	67	66	80	68	70	76	70	78	67	66	80
4	2017224003	卢明奇	89	87	88	90	78	78	83	76	65	69	70	80	78	67	70	71	65	70	70	80
5	2017224004	金胜奎	87	87	90	92	89	90	78	80	81	80	76	77	76	75	70	67	81	80	76	77
6	2017224005	李金铭	80	87	87	79	76	69	89	78	74	78	78	70	77	79	87	80	74	80	90	74
7	2017224006	李鑫鑫	90	90	87	90	76	78	80	87	67	78	80	83	80	80	86	78	67	78	80	83
8	2017224007	王再恩	90	90	88	95	67	68	79	80	89	80	90	78	89	92	87	83	89	89	92	78
9	2017224008	李光旭	97	90	91	95	78	98	78	90	77	80	89	79	78	78	83	76	77	83	90	79
10	2017224009	金名义	94	90	89	95	67	75	74	89	90	91	90	78	89	91	80	86	90	91	90	78
11	2017224010	陆　畅	87	90	90	87	68	78	79	90	77	87	89	90	76	69	89	78	77	87	89	90
12	2017224011	孙金东	98	97	90	99	67	78	77	80	92	67	78	80	76	78	89	87	92	69	78	80
13	2017224012	王喜明	78	89	90	78	87	90	88	93	78	70	89	69	67	68	80	76	78	70	89	69
14	2017224013	李广义	88	90	87	78	89	90	93	90	78	79	90	78	78	90	78	90	78	79	90	78
15	2017224014	赵明奇	89	90	91	94	78	89	90	89	70	90	78	80	67	75	70	89	70	90	78	80
16	2017224015	李志安	90	90	93	89	78	80	90	78	67	88	80	84	68	78	89	90	67	88	83	84
17	2017224016	王璐新	92	94	97	89	67	68	79	80	80	78	78	80	67	78	76	80	80	78	78	80
18	2017224017	张发栋	78	78	67	87	78	77	67	70	69	90	78	80	87	90	80	93	69	90	70	80
19	2017224018	李平福	88	78	89	87	90	87	85	80	89	78	87	80	89	89	93	90	89	85	87	80
20	2017224019	张　继	78	80	76	89	80	87	67	66	69	70	70	75	78	89	80	89	69	70	70	75
21	2017224020	卜明伟	79	80	89	90	65	78	89	80	90	78	87	90	78	80	87	78	91	78	87	90
22	2017224021	陆綻新	80	85	87	90	70	76	70	71	87	78	89	90	67	68	88	80	88	70	89	90
23	2017224022	季广霞	92	90	97	93	78	80	86	90	91	94	78	89	78	77	66	70	91	91	75	89
24	2017224023	刘春燕	87	78	67	90	80	84	82	78	9	89	67	80	90	87	80	89	90	89	80	80
25	2017224024	王　铭	67	78	80	78	78	77	70	68	97	89	90	68	80	87	79	66	96	89	94	68
26	2017224025	王丽丽	90	90	91	93	78	89	90	68	67	86	78	76	80	77	76	80	80	90	78	76
27	2017224026	张春明	93	78	80	95	78	89	90	67	89	80	90	87	88	90	89	88	90	85	79	89

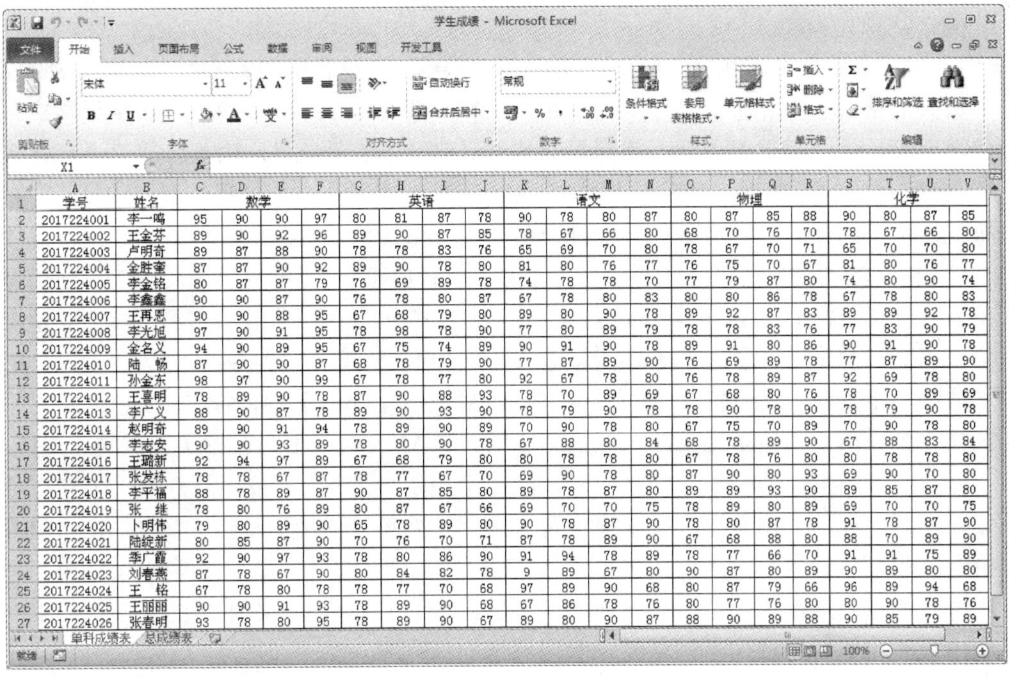

图 9.25　单科成绩表

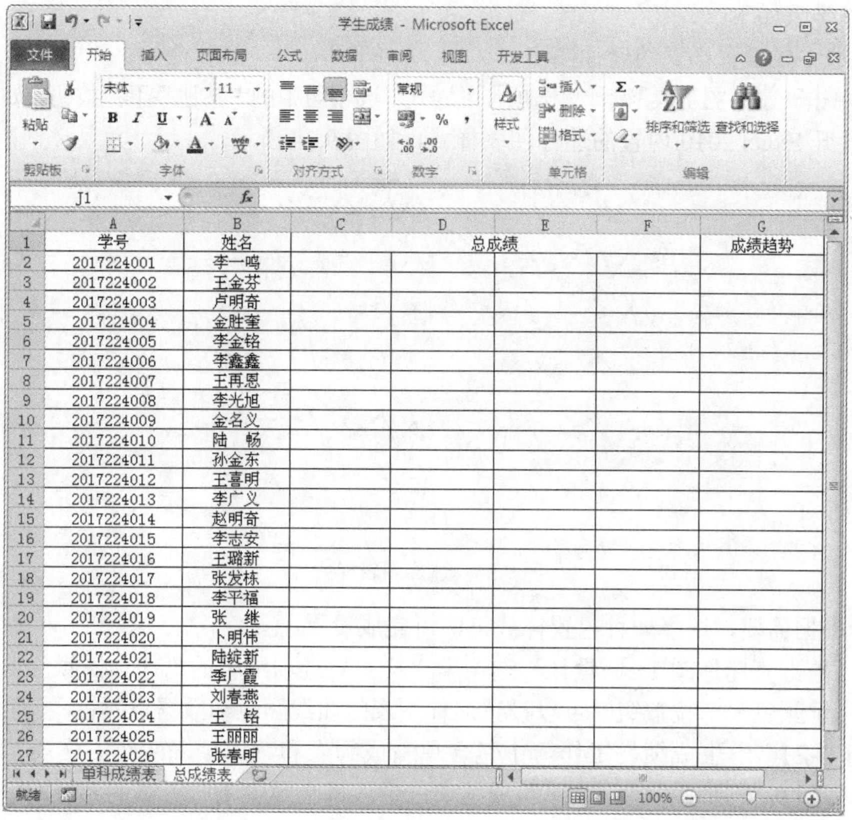

图 9.26 总成绩表

操作实现：

1）在总成绩表中，选中 C2 单元格，输入公式"=SUM(单科成绩表!C2,单科成绩表!G2,单科成绩表!K2,单科成绩表!O2,单科成绩表!S2)"，按【Enter】键，拖动 C2 单元格右下角的填充柄，填充其他学生第一次考试总成绩；选中 D2 单元格，输入公式 "=SUM(单科成绩表!D2,单科成绩表!H2,单科成绩表!L2,单科成绩表!P2,单科成绩表!T2)"，按【Enter】键，拖动 D2 单元格右下角的填充柄，填充其他学生第二次考试总成绩；选中 E2 单元格，输入公式 "=SUM(单科成绩表!E2,单科成绩表!I2,单科成绩表!M2,单科成绩表!Q2,单科成绩表!U2)"，按【Enter】键，拖动 E2 单元格右下角的填充柄，填充其他学生第三次考试总成绩；选中 F2 单元格，输入公式"=SUM(单科成绩表!F2,单科成绩表!J2,单科成绩表!N2,单科成绩表!R2,单科成绩表!V2)"，按【Enter】键，拖动 F2 单元格右下角的填充柄，填充其他学生第四次考试总成绩。SUM 函数用于统计每次考试的总成绩。

2）单击"插入"选项卡"迷你图"选项组中的"折线图"按钮，打开"创建迷你图"对话框，在"数据范围"文本框中输入迷你图要统计的数据范围 C2:F2，在"位置范围"文本框中输入显示迷你图的单元格 G2，单击"确定"按钮，绘制出反映第一个学生每次考试总成绩变化趋势的迷你图。然后，拖动 G2 单元格右下角的填充柄，填充绘制出反映其他学生每次考试总成绩变化趋势的迷你图，结果如图 9.27 所示。

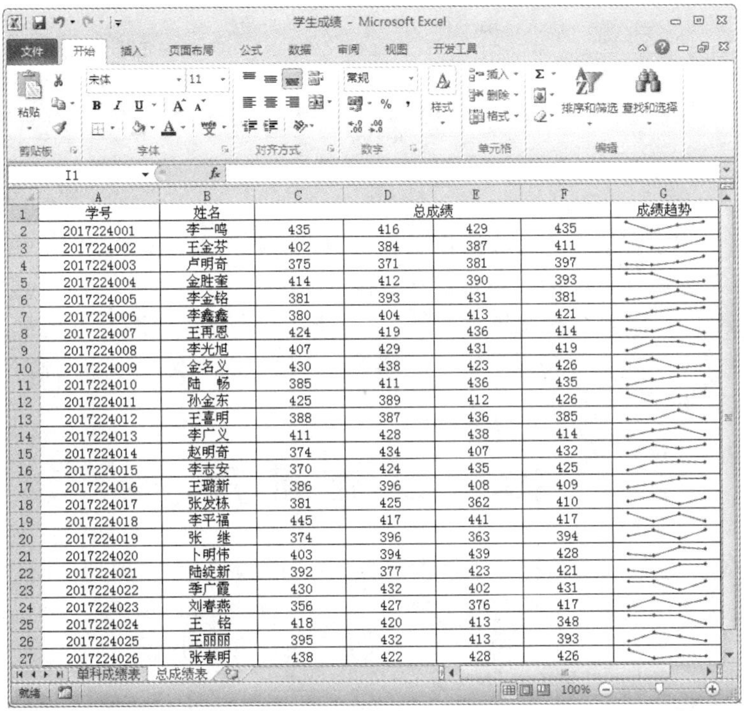

学号	姓名	C	D	E	F	成绩趋势
			总成绩			
2017224001	李一鸣	435	416	429	435	
2017224002	王金芬	402	384	387	411	
2017224003	卢明奇	375	371	381	397	
2017224004	金胜奎	414	412	390	393	
2017224005	李金铭	381	393	431	381	
2017224006	李鑫鑫	380	404	413	421	
2017224007	王再恩	424	419	436	414	
2017224008	李光旭	407	429	431	419	
2017224009	金名义	430	438	423	426	
2017224010	陆畅	385	411	436	435	
2017224011	孙金东	425	389	412	426	
2017224012	王喜明	388	387	436	385	
2017224013	李广义	411	428	438	414	
2017224014	赵明奇	374	434	407	432	
2017224015	李志安	370	424	435	425	
2017224016	王瑞新	386	396	408	409	
2017224017	张发林	381	425	362	410	
2017224018	李平福	445	417	441	417	
2017224019	张继	374	396	363	394	
2017224020	卜明伟	403	394	439	428	
2017224021	陆綖新	392	377	423	421	
2017224022	季广霞	430	432	402	431	
2017224023	刘春燕	356	427	376	417	
2017224024	王铭	418	420	413	348	
2017224025	王丽丽	395	432	413	393	
2017224026	张春明	438	422	428	426	

图 9.27 反映总成绩变化趋势的迷你图

第 10 章　分析与处理 Excel 数据

将数据收集起来存储在 Excel 工作表中是数据分析与处理的前提。使用 Excel 辅助功能，能够对数据进行有序的组织、整理、排列、分类、筛选，并最终获得对数据的自动分析结果，全面了解并掌握数据信息的内涵。Excel 不仅能够对数据进行简单的计算，还具备相关的数据库管理等高级功能。利用 Excel 提供的一整套丰富的命令集，可以使分析与处理数据更加方便快捷。

10.1 数据排序

Excel 具有十分强大的数据处理能力，数据排序就是一个常用的典型功能。一个杂乱无章、无任何规律可循的表格经过排序后，其中的数据可一目了然，数据的可读性和实用性大大提高。Excel 的数据排序主要分为简单排序和高级排序。

10.1.1　简单排序

简单排序分两种情况，一种是一次选择多列数据，如在图 10.1 所示的学生成绩表中 C4:E10 单元格区域，被选中的数据将按照升序或降序要求各自进行排序；另一种是选择一列数据作为关键字，如图 10.1 中 C4:C20 单元格区域，对数据表的所有记录按照关键字进行排序。

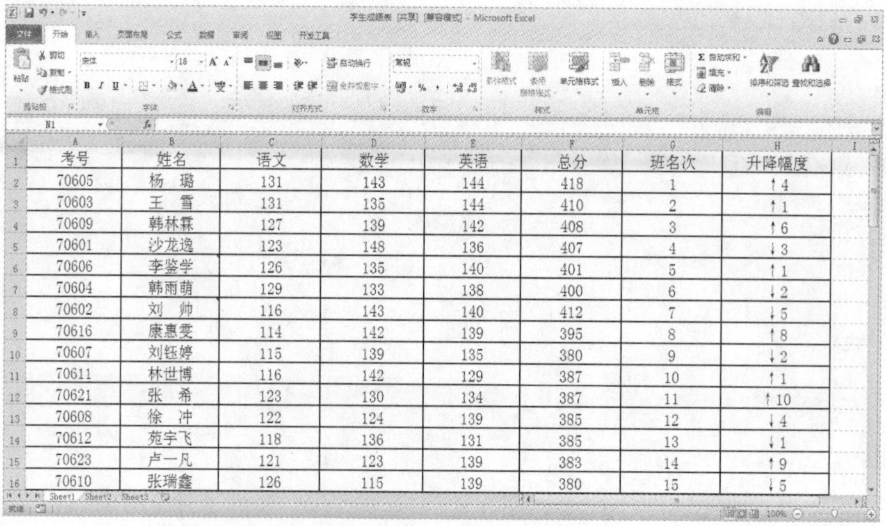

考号	姓名	语文	数学	英语	总分	班名次	升降幅度
70605	杨　璐	131	143	144	418	1	↑4
70603	王　雪	131	135	144	410	2	↑1
70609	韩林霖	127	139	142	408	3	↑6
70601	沙龙逸	123	148	136	407	4	↓3
70606	李鋆学	126	135	140	401	5	↑1
70604	韩雨萌	129	133	138	400	6	↓2
70602	刘　帅	116	143	140	412	7	↓5
70616	康惠雯	114	142	139	395	8	↑8
70607	刘钰婷	115	139	135	380	9	↓2
70611	林世博	116	142	129	387	10	↑1
70621	张　希	123	130	134	387	11	↑10
70608	徐　冲	122	124	139	385	12	↓4
70612	苑宇飞	118	136	131	385	13	↓1
70623	卢一凡	121	123	139	383	14	↑9
70610	张瑞鑫	126	115	139	380	15	↓5

图 10.1　学生成绩表

实现简单排序的具体操作步骤如下：

1）根据需要，选择数据列。

2）单击"数据"选项卡"排序和筛选"选项组中的"升序"或"降序"按钮，如图 10.2 所示。如果选择的是多列数据，则单击"升序"或"降序"按钮后，每列数据将按照上述第一种情况进行排序；如果选择的是单列数据，则单击"升序"或"降序"按钮后，将打开"排序提醒"对话框，如图 10.3 所示。

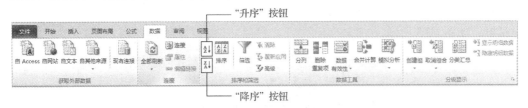

图 10.2　"数据"选项卡

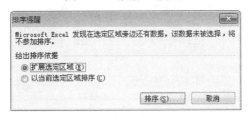

图 10.3　"排序提醒"对话框

3）如果选中"扩展选定区域"单选按钮，则数据将按照上述第二种情况进行排序；如果选中"以当前选定区域排序"单选按钮，则数据仍将按照上述第一种情况进行排序。

4）单击"排序"按钮，完成排序。例如，对 C4:C20 单列数据，按照"扩展选定区域"进行升序排列，结果如图 10.4 所示。

	A	B	C	D	E	F	G	H
13	70669	丁婉艺	95	71	85	251	56	
14	70641	孙　波	96	130	89	315	43	↓2
15	70654	于娇莹	97	76	71	244	57	↓3
16	70642	邹建志	98	104	116	318	41	↑1
17	70661	刘旭辉	99	87	44	230	58	↑3
18	70660	孙龙基	99	21	67	187	63	↓3
19	70631	黄俊焯	101	112	106	319	40	↓9
20	70632	代明哲	101	91	115	307	46	↓14
21	70640	戚云飞	101	59	108	268	54	↓14
22	70615	贺俊文	103	127	110	340	36	↓21
23	70627	张俊奎	103	103	111	317	42	↓15
24	70638	代诗涵	105	105	126	336	38	→
25	70648	张　良	105	102	105	312	44	↑4
26	70651	王治超	105	95	82	282	53	↓2
27	70628	洪　禹	106	100	80	286	52	↓24
28	70647	张家硕	107	67	129	303	49	↓2

图 10.4　按照关键字排序结果

10.1.2　高级排序

在第二种情况下对全部记录进行排序时，如果关键字包含取值相同的几组数据，则无法做到精确排序。例如，在图 10.4 中，C17 和 C18、C19~C21、C22 和 C23、C24~C26 的成绩分别相同，不易区分优劣，还需要选取其他列作为关键字，并在第一关键字已经排好顺序的基础上，再按照第二关键字进行排序，以此类推，建立多关键字的高级排序，就能够对学生学习成绩的优劣一目了然。实现高级排序的具体操作步骤如下：

1）单击"数据"选项卡"排序和筛选"选项组中的"排序"按钮，打开"排序"对话框，如图 10.5 所示。

图 10.5 "排序"对话框

2）"添加条件""删除条件""复制条件"按钮分别用于添加排序关键字、删除关键字、复制被选中的关键字；"选项"按钮用于设置排序时是否区分大小写、在行还是列的方向上进行排序、使用字母还是笔画排序方法；在数据表首行为列名时，选中"数据包含标题"复选框，用于加载排序关键字。例如，学生成绩表中按照主次选取的关键字是"班名次""语文""数学""英语""升降幅度"，其中"班名次"和"升降幅度"为升序排列，其他为降序排列。

3）单击"确定"按钮，完成排序，结果如图 10.6 所示。

	A	B	C	D	E	F	G	H	I
1	考号	姓名	语文	数学	英语	总分	班名次	升降幅度	
2	70605	杨 璐	131	143	144	418	1	↑4	
3	70603	王 雪	131	135	144	410	2	↑1	
4	70609	韩林霖	127	139	142	408	3	↑6	
5	70601	沙龙逸	123	148	136	407	4	↓3	
6	70606	李鉴学	126	135	140	401	5	↑1	
7	70604	韩雨萌	129	133	138	400	6	↓2	
8	70602	刘 帅	116	143	140	399	7	↓5	
9	70616	康惠雯	114	142	139	395	8	↑8	
10	70607	刘钰婷	115	139	135	389	9	↓2	
11	70611	林世博	116	142	129	387	10	↑1	
12	70621	张 希	123	130	134	387	11	↑10	
13	70608	徐 冲	122	124	139	385	12	↓4	
14	70612	苑宇飞	118	136	131	385	13	↓1	
15	70623	卢一凡	121	123	139	383	14	↑9	
16	70610	张瑞鑫	126	115	139	380	15	↓5	

图 10.6 高级排序结果

对数据进行排序有助于快速直观地组织并查找所需数据。大多数排序是列排序。需要指出：数据排序时，隐藏的行或列将不参与排序。因此，排序前应取消行列隐藏，使被隐藏的行或列显示在工作表中，避免数据遭到破坏。

【例 10-1】 在“学生成绩”工作簿包含的总成绩表中，已经对每次考试的总成绩进行统计，如图 10.7 所示。试以每次考试的总成绩为关键字对学生总成绩表中的记录进行高级排序：首先以第一次考试的总成绩为关键字降序排序；其次，当出现本次考试总成绩相同的记录时，以第二次考试总成绩为关键字继续排序。以此类推，并分别将每次考试的相同总成绩自动标记为“浅红填充色深红色文本”。

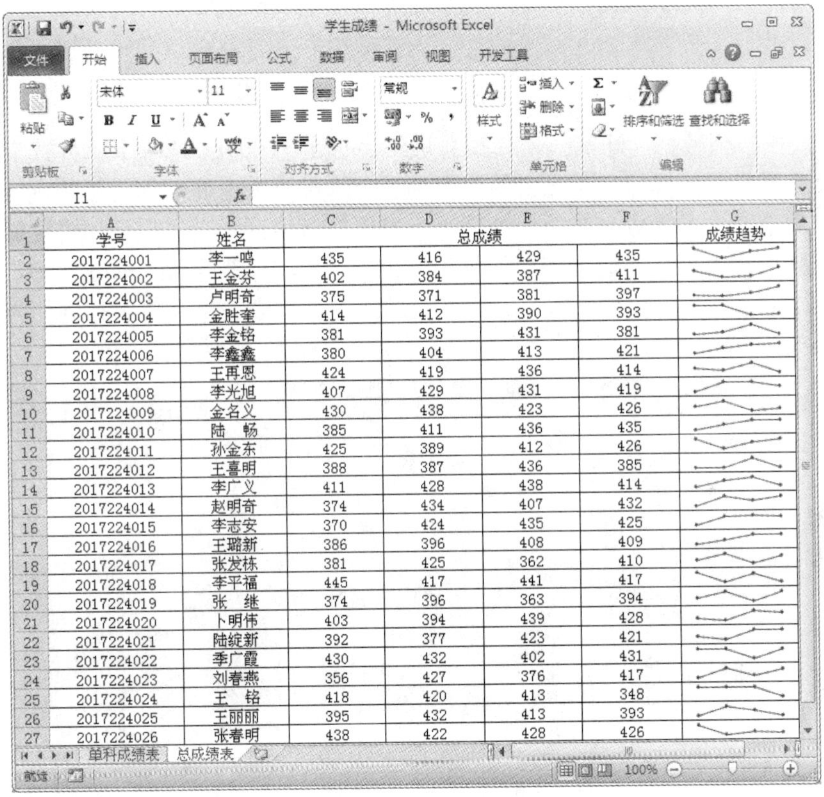

学号	姓名	总成绩				成绩趋势
2017224001	李一鸣	435	416	429	435	
2017224002	王金芬	402	384	387	411	
2017224003	卢明奇	375	371	381	397	
2017224004	金胜奎	414	412	390	393	
2017224005	李金铭	381	393	431	381	
2017224006	李鑫鑫	380	404	413	421	
2017224007	王再恩	424	419	436	414	
2017224008	李光旭	407	429	431	419	
2017224009	金名义	430	438	423	426	
2017224010	陆　畅	385	411	436	435	
2017224011	孙金东	425	389	412	426	
2017224012	王喜明	388	387	436	385	
2017224013	李广义	411	428	438	414	
2017224014	赵明奇	374	434	407	432	
2017224015	李志安	370	424	435	425	
2017224016	王璐新	386	396	408	409	
2017224017	张发栋	381	425	362	410	
2017224018	李平福	445	417	441	417	
2017224019	张　继	374	396	363	394	
2017224020	卜明伟	403	394	439	428	
2017224021	陆綻新	392	377	423	421	
2017224022	季广霞	430	432	402	431	
2017224023	刘春燕	356	427	376	417	
2017224024	王　铭	418	420	413	348	
2017224025	王丽丽	395	432	413	393	
2017224026	张春明	438	422	428	426	

图 10.7　总成绩表

操作实现：

1）选中除标题行以外的全部数据，单击“数据”选项卡“排序和筛选”选项组中的“排序”按钮，打开“排序”对话框。

2）在“主要关键字”“排序依据”“次序”下拉列表中分别选择“列 C”“数值”“降序”选项，然后单击“添加条件”按钮，在新增的“次要关键字”“排序依据”“次序”下拉列表中分别选择“列 D”“数值”“降序”选项；继续单击“添加条件”按钮，在新增的“次要关键字”“排序依据”“次序”下拉列表中分别选择“列 E”“数值”“降序”选项；再单击“添加条件”按钮，在新增的“次要关键字”“排序依据”“次序”下拉列表中分别选择“列 F”“数值”“降序”选项，如图 10.8 所示。

图 10.8 设置"总成绩表"的排序关键字

3）单击"确定"按钮，完成高级排序。

4）选中 C 列数据，即第一次考试总成绩，单击"开始"选项卡"样式"选项组中的"条件格式"下拉按钮，在弹出的下拉列表中选择"突出显示单元格规则"选项，在级联菜单中选择"重复值"选项，打开"重复值"对话框，在"值"和"设置为"下拉列表中分别选择"重复"选项和"浅红填充色深红色文本"选项，单击"确定"按钮。对于 D 列、E 列、F 列数据，即第二、三、四次考试总成绩，均采用相同的方法进行设置，结果如图 10.9 所示。

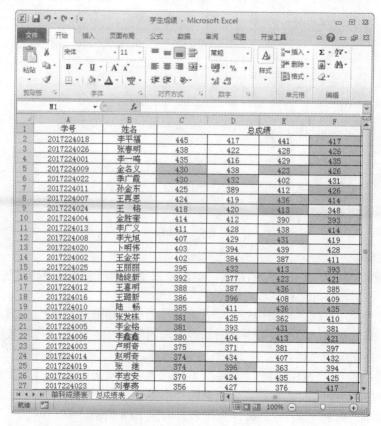

图 10.9 高级排序和标注每次考试的重复总成绩结果

10.2　数 据 筛 选

筛选可将暂时不需要处理的记录隐藏起来，而只显示那些当前要分析和处理的记录。对于包含大量数据的 Excel 表格，筛选是一种查找和处理数据集的快捷方法。Excel 的数据筛选主要分为自动筛选和高级筛选。

1. 自动筛选

实现自动筛选的具体操作步骤如下：

1）选择数据列作为筛选条件。例如，在学生成绩表中，选择“姓名”列和“语文”列作为筛选条件。

2）单击“数据”选项卡“排序和筛选”选项组中的“筛选”按钮，生成隐藏的筛选条件下拉列表，如图 10.10 所示。

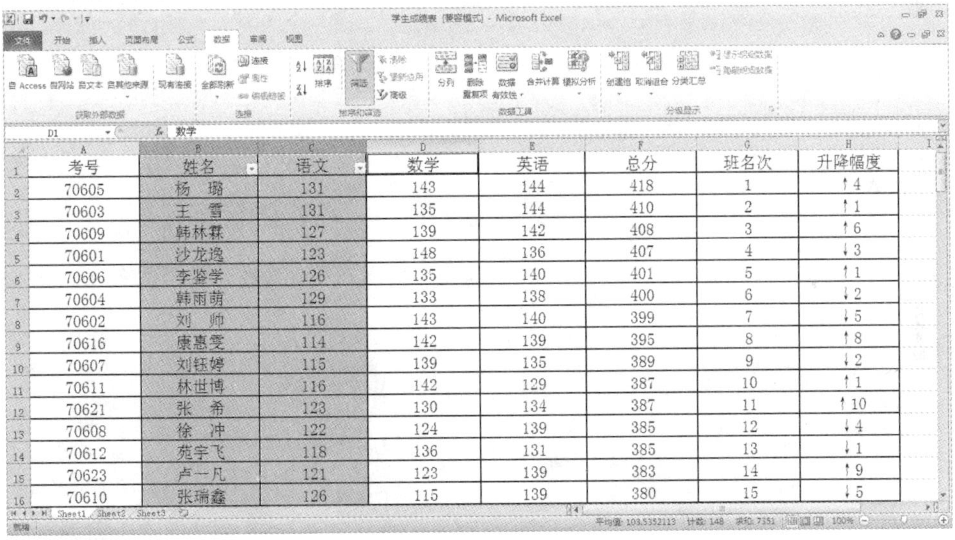

考号	姓名	语文	数学	英语	总分	班名次	升降幅度
70605	杨　璐	131	143	144	418	1	↑4
70603	王　雪	131	135	144	410	2	↑1
70609	韩林霖	127	139	142	408	3	↑6
70601	沙龙逸	123	148	136	407	4	↓3
70606	李鉴学	126	135	140	401	5	↑1
70604	韩雨萌	129	133	138	400	6	↓2
70602	刘　帅	116	143	140	399	7	↓5
70616	康惠雯	114	142	139	395	8	↑8
70607	刘钰婷	115	139	135	389	9	↓2
70611	林世博	116	142	129	387	10	↑1
70621	张　希	123	130	134	387	11	↑10
70608	徐　冲	122	124	139	385	12	↓4
70612	苑宇飞	118	136	131	385	13	↓1
70623	卢一凡	121	123	139	383	14	↑9
70610	张瑞鑫	126	115	139	380	15	↓5

图 10.10　生成隐藏等值条件下拉列表后的学生成绩表

3）单击相应的下拉按钮，弹出筛选条件下拉列表，如图 10.11 所示。

4）可在下拉列表中选中等值条件，如选中“丁婉艺”“范作鑫”“韩林霖”“韩雨萌”4 个复选框，表示要筛选出这 4 个学生的成绩记录；也可选择下拉列表中的“文本筛选”选项，弹出的级联菜单如图 10.12 所示。如果被筛选的是数值型数据，则下拉列表中为“数字筛选”选项，对应的级联菜单如图 10.13 所示，此时根据需要，选择级联菜单中的选项。例如，在“数字筛选”级联菜单中选择“自定义筛选”选项，打开“自定义自动筛选方式”对话框，如图 10.14 所示，在其中即可设置筛选条件。

5）单击下拉列表中的“确定”按钮或“自定义自动筛选方式”对话框中的“确定”按钮，完成筛选。例如，选中下拉列表中的“丁婉艺”“范作鑫”“韩林霖”“韩雨萌”4 个复选框，筛选结果如图 10.15 所示。

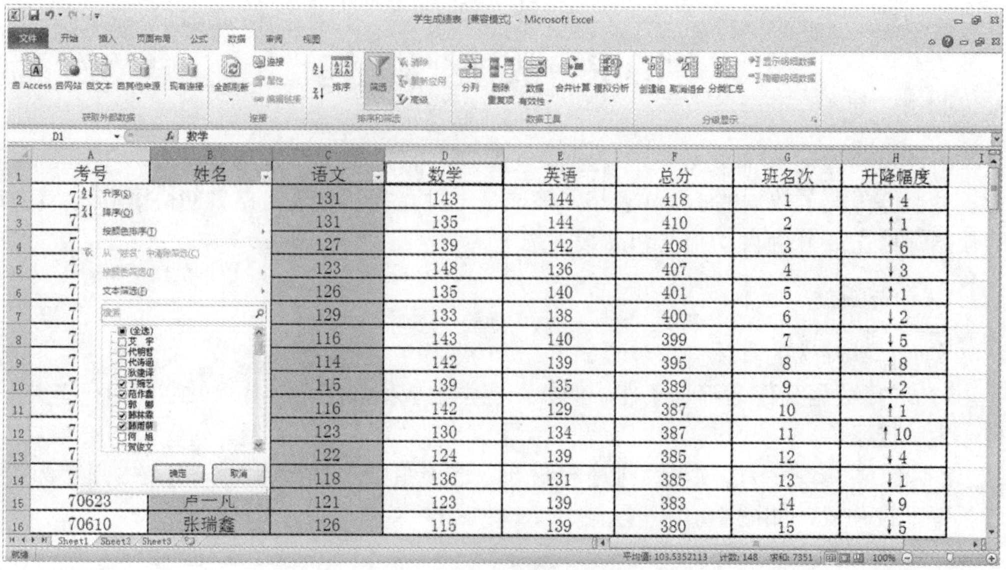

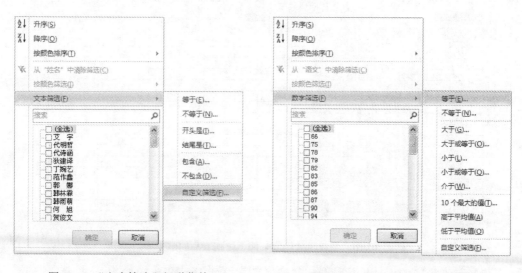

图 10.11 筛选条件下拉列表

图 10.12 "文本筛选"级联菜单　　　　　图 10.13 "数字筛选"级联菜单

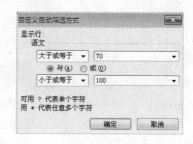

图 10.14 "自定义自动筛选方式"对话框

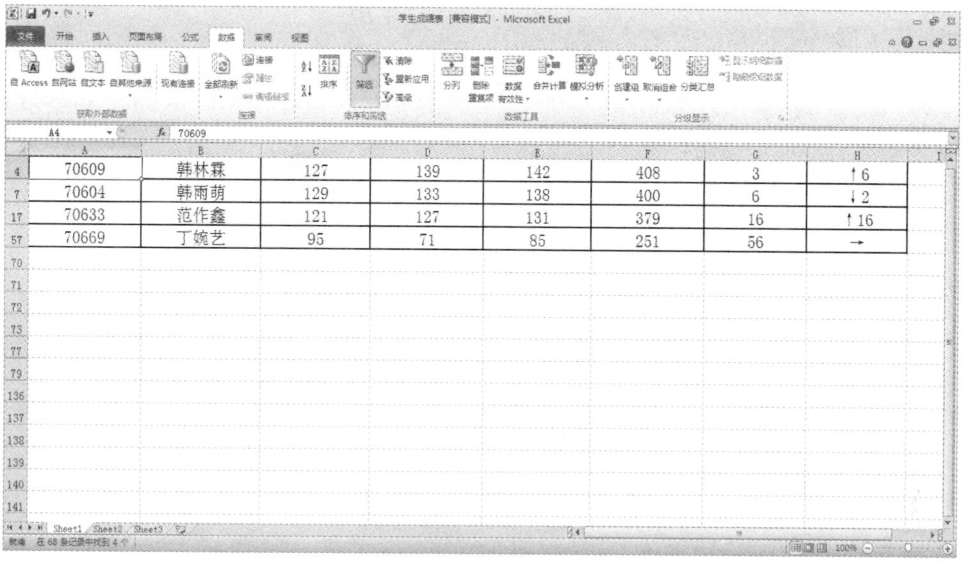

图 10.15　自动筛选结果

2. 高级筛选

高级筛选是指为多个列设置筛选条件，条件表达式不唯一且必须放置在工作表内的一个单独区域，可为该条件区域命名以便于引用，在条件表达式中能够像在公式中那样使用比较运算符"="">""<"">="<=""<>"对取值进行比较。

高级筛选的条件表达式必须遵循：①每个条件表达式必须含有列名，且与工作表的列名一致；②同时成立的一组条件必须放在条件区的同一行内；③对于几组条件，如果满足至少一组即可，则每组条件必须放在条件区的不同行。

以筛选出学生成绩表中语文成绩为 120～150、数学成绩为 120～150、英语成绩为 120～150，或总成绩为 360～450 的学生成绩记录为例，实现高级筛选的具体操作步骤如下：

1）选择工作表中的一个空白区域作为条件区，并输入筛选条件组。例如，在以单元格 A71 开始的空白区域输入筛选条件，如图 10.16 所示。

2）单击"数据"选项卡"排序和筛选"选项组中的"高级"按钮，打开"高级筛选"对话框，如图 10.17 所示。

3）单击"列表区域"文本框右侧的按钮，选择要筛选的数据区域；单击"条件区域"文本框右侧的按钮，选择筛选的条件区域；如果选中"将筛选结果复制到其他位置"单选按钮，则"复制到"选项可用。此时，单击"复制到"文本框右侧的按钮，选择筛选结果的显示位置。对于本例，选择 A1:H69 为筛选的数据区域；A71:H73 为筛选的条件区域；A78:H78 为显示筛选结果的首行。

4）单击"确定"按钮，完成筛选，结果如图 10.18 所示。

	A	B	C	D	E	F	G	H	I
58	70654	于娇莹	97	76	71	244	57	↓3	
59	70661	刘旭辉	99	87	44	230	58	↑3	
60	70659	张宇婷	83	61	71	215	59	→	
61	70652	黄明涛	87	77	43	207	60	↓8	
62	70657	吕文卓	82	53	62	197	61	↓4	
63	70653	王晟煜	79	49	64	192	62	↓9	
64	70660	孙龙基	99	21	67	187	63	↓3	
65	70662	赵　森	90	29	64	183	64	↓2	
66	70663	满朝升	78	45	47	170	65	↓2	
67	70658	李忠浩	86	32	46	164	66	↓8	
68	70664	侯禹志	75	23	34	132	67	↓3	
69	70665	尹鸿涛	66	23	34	123	68	↓3	
70									
71	语文	语文	数学	数学	英语	英语	总分	总分	
72	>=120	<=150	>=120	<=150	>=120	<=150			
73							>=360	<=450	

图 10.16　输入筛选条件组

图 10.17　"高级筛选"对话框

	B	C	D	E	F	G	H	I	J	K
78	姓名	语文	数学	英语	总分	班名次	升降幅度			
79	杨　璐	131	143	144	418	1	↑4			
80	王　雪	131	135	144	410	2	↑1			
81	韩林霖	127	139	142	408	3	↑6			
82	沙龙逸	123	148	136	407	4	↓3			
83	李鉴学	126	135	140	401	5	↑1			
84	韩雨萌	129	133	138	400	6	↓2			
85	刘　帅	116	143	140	399	7	↓5			
86	廉惠雯	114	142	139	395	8	↓8			
87	刘钰婷	139	135	135	389	9	↓2			
88	林世博	116	142	129	387	10	↑1			
89	张　希	123	130	134	387	11	↑10			
90	徐　冲	122	124	139	385	12	↓4			
91	苑宇飞	118	136	131	385	13	↓1			
92	卢一凡	121	123	139	383	14	↑9			
93	张瑞鑫	126	115	139	380	15	↓5			

图 10.18　高级筛选结果

如果要清除某列的筛选条件，可在已经设置有自动筛选条件的列标题旁的筛选箭头上单击，在弹出的下拉列表中选择"从'××'中清除筛选"选项即可；如果要清除所有筛选条件，则单击"数据"选项卡"排序和筛选"选项组中的"清除"按钮即可。

10.3　分类汇总与分级显示

分类汇总是 Excel 中常用的基本功能，用来分析和处理数据，它将数据按照类别进行汇总，包括求和、均值、极值等相关的数据运算，操作起来十分简洁明了。可向数据区域直接插入汇总数据行，并按照分组明细分级显示数据，使用户方便查看数据明细和汇总。

1. 分类汇总

分类汇总是建立在对数据已经排好序的基础上的。Excel 能够对选定的数据列进行汇总，并将汇总结果插入对应列的顶端或末端。在学生成绩表中增加一列"是否为三好学生"，如图 10.19 所示，以"是否为三好学生"进行分类，计算每门课的平均成绩和总平均成绩，实现分类汇总的具体操作步骤如下。

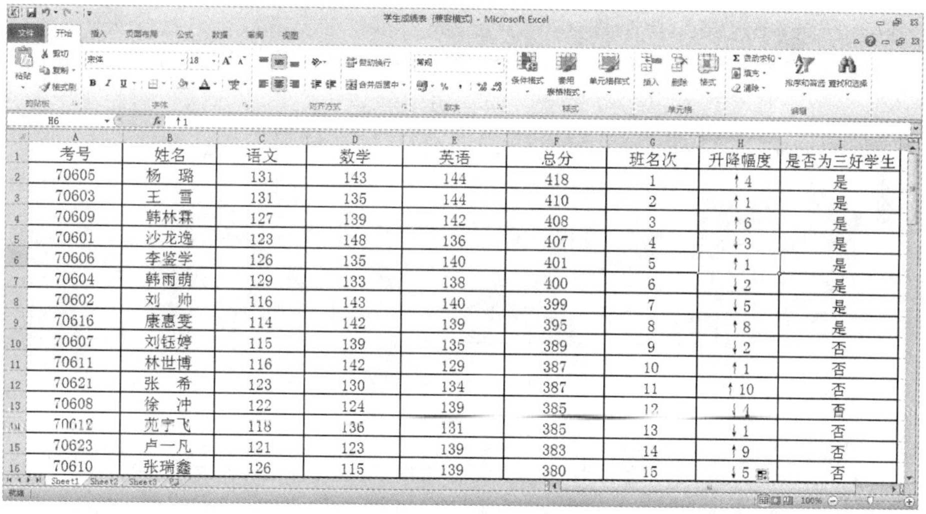

图 10.19　增加"是否为三好学生"列

1）单击"数据"选项卡"分级显示"选项组中的"分类汇总"按钮，打开"分类汇总"对话框，如图 10.20所示。

2）在"分类字段"下拉列表中选择"是否为三好学生"选项，在"汇总方式"下拉列表中选择"平均值"选项，在"选定汇总项"列表框中选中"语文""数学""英语""总分"复选框，其余选项保留默认设置。

3）单击"确定"按钮，完成分类汇总，结果如图 10.21所示。

图 10.20　"分类汇总"对话框

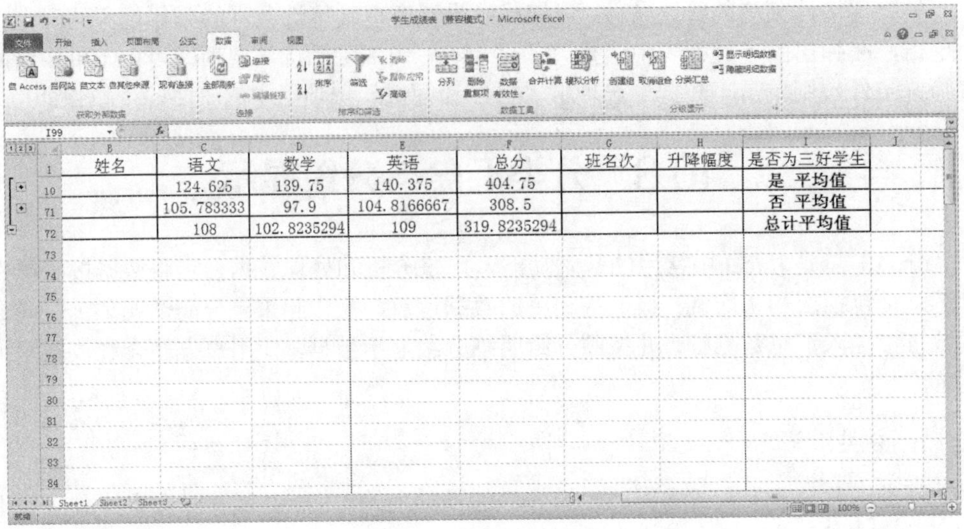

	B	C	D	E	F	G	H	I
1	姓名	语文	数学	英语	总分	班名次	升降幅度	是否为三好学生
10		124.625	139.75	140.375	404.75			是 平均值
71		105.783333	97.9	104.8166667	308.5			否 平均值
72		108	102.8235294	109	319.8235294			总计平均值

图 10.21　分类汇总结果

2. 分级显示

分类汇总结果能够配合原有数据实现分级显示。对表格数据进行分类汇总后，工作表左侧会增加分级显示标签，如图 10.22 所示，分级显示标签的数字越大，它的数据级别越小。当单击某一分级显示标签时，比它级别低的数据将全部被隐藏起来，而比它级别高的数据将被正常显示。单击[+]或[-]按钮，可以隐藏或显示下级数据。

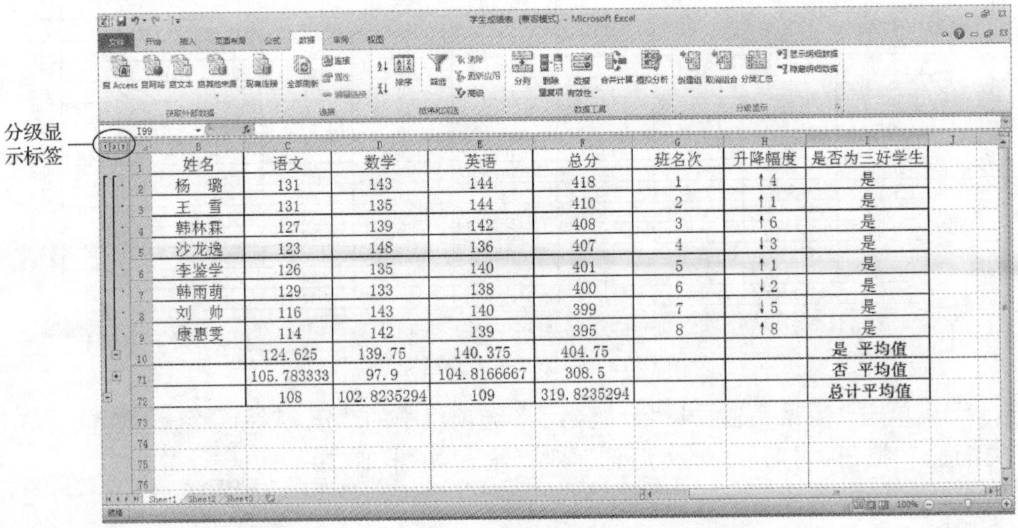

	B	C	D	E	F	G	H	I
1	姓名	语文	数学	英语	总分	班名次	升降幅度	是否为三好学生
2	杨　璐	131	143	144	418	1	↑4	是
3	王　雪	131	135	144	410	2	↑1	是
4	韩林霖	127	139	142	408	3	↑6	是
5	沙龙逸	123	148	136	407	4	↓3	是
6	李鉴学	126	135	140	401	5	↑1	是
7	韩雨萌	129	133	138	400	6	↓2	是
8	刘　帅	116	143	140	399	7	↓5	是
9	康惠雯	114	142	139	395	8	↑8	是
10		124.625	139.75	140.375	404.75			是 平均值
71		105.783333	97.9	104.8166667	308.5			否 平均值
72		108	102.8235294	109	319.8235294			总计平均值

图 10.22　数据的分级显示

根据需要，可自定义创建分级显示。以统计学生成绩表中三好学生的各科成绩平均值和总平均值为例，自定义创建分级显示的具体操作步骤如下：

1）依据“是否为三好学生”对数据进行排序。

2）在三好学生数据区域的下端插入空白行（也可在上端插入），如图 10.23 所示。

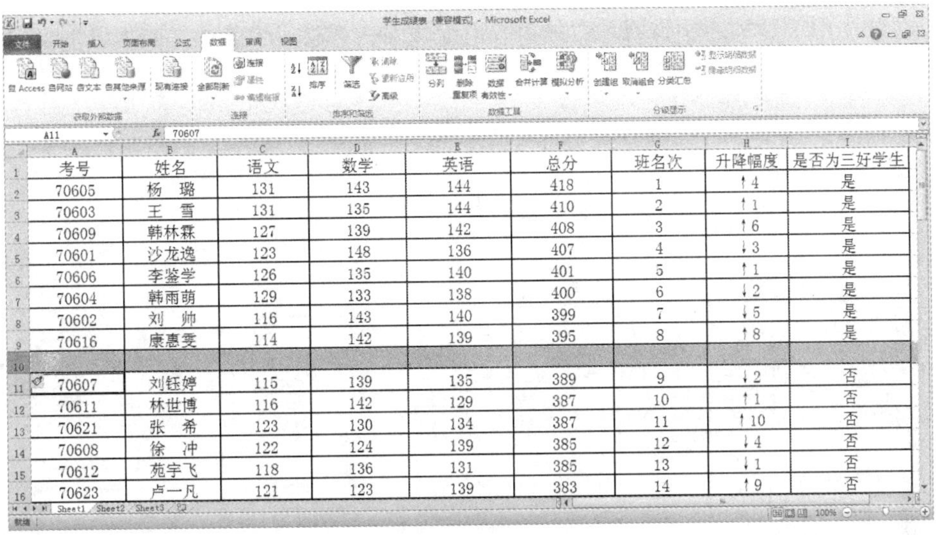

考号	姓名	语文	数学	英语	总分	班名次	升降幅度	是否为三好学生
70605	杨 璐	131	143	144	418	1	↑4	是
70603	王 雪	131	135	144	410	2	↑1	是
70609	韩林霖	127	139	142	408	3	↑6	是
70601	沙龙逸	123	148	136	407	4	↓3	是
70606	李鉴学	126	135	140	401	5	↑1	是
70604	韩雨萌	129	133	138	400	6	↓2	是
70602	刘 帅	116	143	140	399	7	↓5	是
70616	康惠雯	114	142	139	395	8	↑8	是
70607	刘钰婷	115	139	135	389	9	↓2	否
70611	林世博	116	142	129	387	10	↑1	否
70621	张 希	123	130	134	387	11	↑10	否
70608	徐 冲	122	124	139	385	12	↓4	否
70612	苑宇飞	118	136	131	385	13	↓1	否
70623	卢一凡	121	123	139	383	14	↑9	否

图 10.23 在指定组数据区域下端插入空白行

3）选中三好学生的语文成绩数据区域，单击“公式”选项卡“函数库”选项组中的“自动求和”下拉按钮，在弹出的下拉列表中选择“平均值”选项，其成绩平均值将显示在对应空白行区域；数学、英语、总分的平均值也按此方式进行设置，结果如图 10.24 所示。

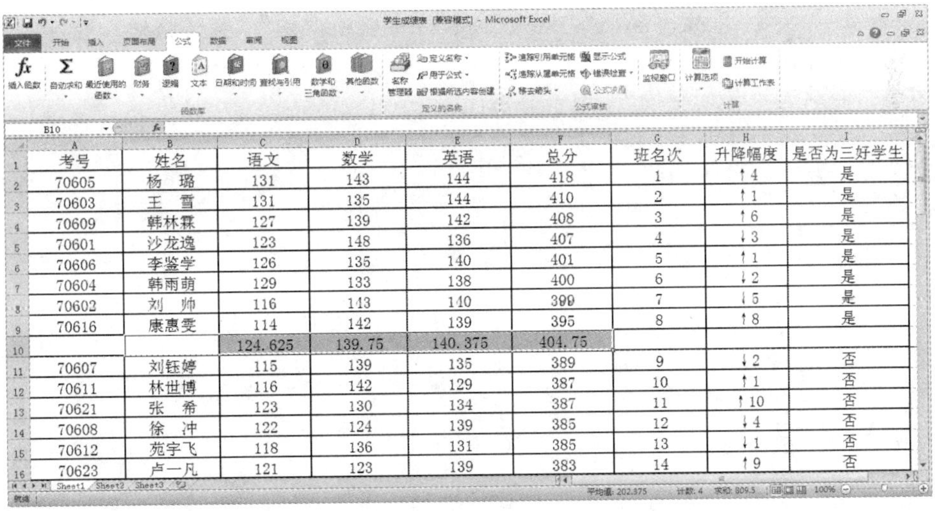

考号	姓名	语文	数学	英语	总分	班名次	升降幅度	是否为三好学生
70605	杨 璐	131	143	144	418	1	↑4	是
70603	王 雪	131	135	144	410	2	↑1	是
70609	韩林霖	127	139	142	408	3	↑6	是
70601	沙龙逸	123	148	136	407	4	↓3	是
70606	李鉴学	126	135	140	401	5	↑1	是
70604	韩雨萌	129	133	138	400	6	↓2	是
70602	刘 帅	116	143	140	399	7	↓5	是
70616	康惠雯	114	142	139	395	8	↑8	是
		124.625	139.75	140.375	404.75			
70607	刘钰婷	115	139	135	389	9	↓2	否
70611	林世博	116	142	129	387	10	↑1	否
70621	张 希	123	130	134	387	11	↑10	否
70608	徐 冲	122	124	139	385	12	↓4	否
70612	苑宇飞	118	136	131	385	13	↓1	否
70623	卢一凡	121	123	139	383	14	↑9	否

图 10.24 设置三好学生的成绩平均值

4）选中三好学生成绩数据区域，其中不包括列名和平均成绩，单击“数据”选项卡“分级显示”选项组中的“创建组”下拉按钮，在弹出的下拉列表中选择“创建组”选项，在打开的“创建组”对话框中单击“确定”按钮，即可完成创建，如图 10.25 所示。

如果想要删除分级显示，则单击“数据”选项卡“分级显示”选项组中的“取消组合”下拉按钮，在弹出的下拉列表中选择“清除分级显示”选项即可。删除分级显示后，如果发现存在被隐藏的行或列，单击“开始”选项卡“单元格”选项组中的“格式”下拉按钮，在弹出的下拉列表中选择“隐藏和取消隐藏”→“取消隐藏行”或“取消隐藏列”选项来恢复显示。

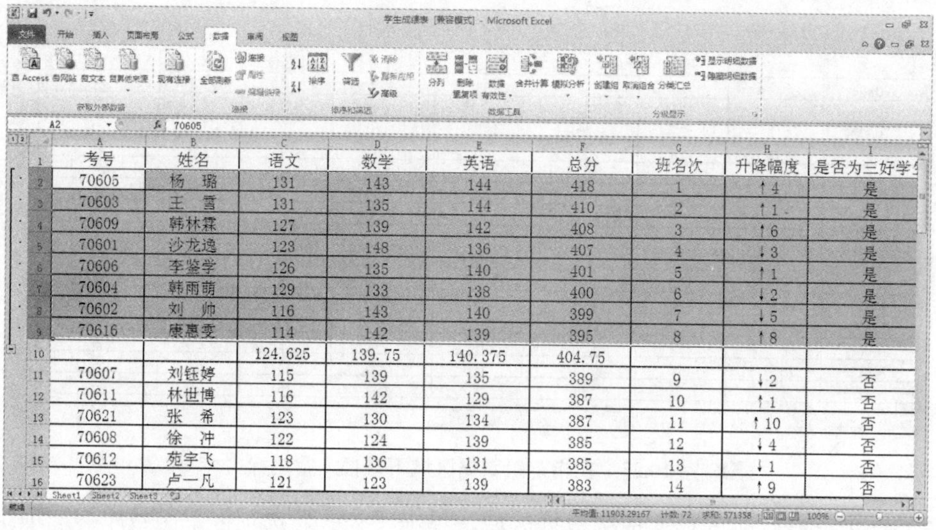

考号	姓名	语文	数学	英语	总分	班名次	升降幅度	是否为三好学
70605	杨　璐	131	143	144	418	1	↑4	是
70603	王　雪	131	135	144	410	2	↑1	是
70609	韩林霖	127	139	142	408	3	↑6	是
70601	沙龙逸	123	148	136	407	4	↓3	是
70606	李鉴学	126	135	140	401	5	↑1	是
70604	韩雨萌	129	133	138	400	6	↓2	是
70602	刘　帅	116	143	140	399	7	↓5	是
70616	康惠雯	114	142	139	395	8	↑8	是
		124.625	139.75	140.375	404.75			
70607	刘钰婷	115	139	135	389	9	↓2	否
70611	林世博	116	142	129	387	10	↑1	否
70621	张　希	123	130	134	387	11	↑10	否
70608	徐　冲	122	124	139	385	12	↓4	否
70612	苑宇飞	118	136	131	385	13	↓1	否
70623	卢一凡	121	123	139	383	14	↑9	否

图10.25　自定义分级显示

【例10-2】“职工工资”工作簿中包含一个职工工资表，如图10.26所示。现对职工工资表数据按“车间”进行分类汇总，并按“车间”计算出“基本工资”“绩效工资”“补贴”“加班费”“奖金”“社保福利”“应发工资”“个人所得税”“实发工资”等各项平均值，将结果保存在新工作表中，命名为“职工工资分类汇总”；并创建“二维簇状柱形”独立图表，命名为“各项平均”，用于分析比较。

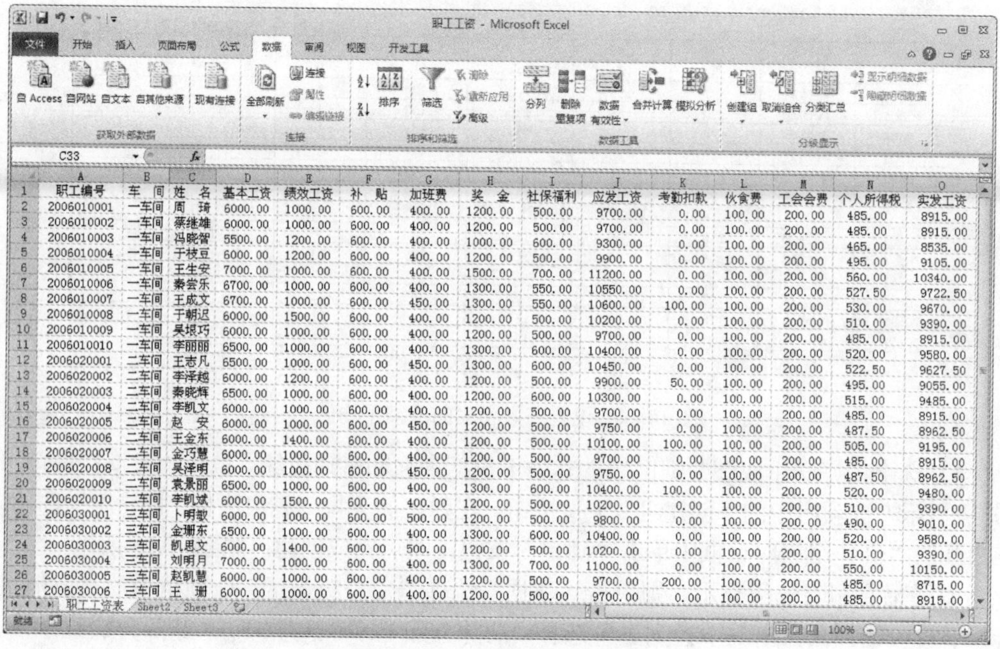

职工编号	车　间	姓　名	基本工资	绩效工资	补　贴	加班费	奖　金	社保福利	应发工资	考勤扣款	伙食费	工会会费	个人所得税	实发工资
2006010001	一车间	周　琦	6000.00	1000.00	600.00	400.00	1200.00	500.00	9700.00	0.00	100.00	200.00	485.00	8915.00
2006010002	一车间	蔡继雄	6000.00	1000.00	600.00	400.00	1200.00	500.00	9700.00	0.00	100.00	200.00	485.00	8915.00
2006010003	一车间	冯晓智	5500.00	1200.00	600.00	400.00	1000.00	600.00	9300.00	0.00	100.00	200.00	465.00	8535.00
2006010004	一车间	于枝豆	6000.00	1200.00	600.00	400.00	1200.00	500.00	9900.00	0.00	100.00	200.00	495.00	9105.00
2006010005	一车间	王生安	7000.00	1000.00	600.00	400.00	1500.00	700.00	11200.00	0.00	100.00	200.00	560.00	10340.00
2006010006	一车间	秦尝乐	6700.00	1000.00	600.00	400.00	1300.00	550.00	10550.00	0.00	100.00	200.00	527.50	9722.50
2006010007	一车间	王成文	6700.00	1000.00	600.00	450.00	1300.00	550.00	10600.00	100.00	100.00	200.00	530.00	9670.00
2006010008	一车间	于朝迟	6000.00	1500.00	600.00	400.00	1200.00	500.00	10200.00	0.00	100.00	200.00	510.00	9390.00
2006010009	一车间	吴垠巧	6000.00	1000.00	600.00	400.00	1200.00	500.00	9700.00	0.00	100.00	200.00	485.00	8915.00
2006010010	一车间	李丽丽	6500.00	1000.00	600.00	400.00	1300.00	600.00	10400.00	0.00	100.00	200.00	520.00	9580.00
2006020001	二车间	王志凡	6500.00	1000.00	600.00	450.00	1300.00	600.00	10450.00	0.00	100.00	200.00	522.50	9627.50
2006020002	二车间	李泽越	6000.00	1200.00	600.00	400.00	1200.00	500.00	9900.00	50.00	100.00	200.00	495.00	9055.00
2006020003	二车间	秦晓辉	6500.00	1000.00	600.00	400.00	1200.00	600.00	10300.00	0.00	100.00	200.00	515.00	9485.00
2006020004	二车间	李凯文	6000.00	1000.00	600.00	400.00	1200.00	500.00	9700.00	0.00	100.00	200.00	485.00	8915.00
2006020005	二车间	赵　安	6000.00	1000.00	600.00	450.00	1200.00	500.00	9750.00	0.00	100.00	200.00	487.50	8962.50
2006020006	二车间	王金东	6000.00	1400.00	600.00	400.00	1200.00	500.00	10100.00	100.00	100.00	200.00	505.00	9195.00
2006020007	二车间	金巧慧	6000.00	1000.00	600.00	400.00	1200.00	500.00	9700.00	0.00	100.00	200.00	485.00	8915.00
2006020008	二车间	吴泽明	6000.00	1000.00	600.00	450.00	1200.00	500.00	9750.00	0.00	100.00	200.00	487.50	8962.50
2006020009	二车间	袁景丽	6500.00	1000.00	600.00	400.00	1300.00	600.00	10400.00	100.00	100.00	200.00	520.00	9480.00
2006020010	二车间	李凯斌	6000.00	1500.00	600.00	400.00	1200.00	500.00	10200.00	0.00	100.00	200.00	510.00	9390.00
2006030001	三车间	卜明敏	6000.00	1000.00	600.00	500.00	1200.00	500.00	9800.00	0.00	100.00	200.00	490.00	9010.00
2006030002	三车间	金珊东	6500.00	1000.00	600.00	400.00	1300.00	600.00	10400.00	0.00	100.00	200.00	520.00	9580.00
2006030003	三车间	凯思文	6000.00	1400.00	600.00	500.00	1200.00	500.00	10200.00	0.00	100.00	200.00	510.00	9390.00
2006030004	三车间	刘明月	7000.00	1000.00	600.00	400.00	1300.00	700.00	11000.00	0.00	100.00	200.00	550.00	10150.00
2006030005	三车间	赵凯慧	6000.00	1000.00	600.00	400.00	1200.00	500.00	9700.00	200.00	100.00	200.00	485.00	8715.00
2006030006	三车间	王　珊	6000.00	1000.00	600.00	400.00	1200.00	500.00	9700.00	0.00	100.00	200.00	485.00	8915.00

图10.26　职工工资表

操作实现：

1）右击"职工工资表"工作表标签，在弹出的快捷菜单中选择"移动或复制"选项，打开"移动或复制工作表"对话框。

2）在"下列选定工作表之前"列表框中选择"Sheet2"选项，并选中"建立副本"复选框，表明复制职工工资表，并将复制结果放置于"Sheet2"工作表之前。此后，单击"确定"按钮，进行复制。

3）选择复制后的新工作表，单击"数据"选项卡"分级显示"选项组中的"分类汇总"按钮，打开"分类汇总"对话框。

4）在"分类字段"和"汇总方式"下拉列表中分别选择"车间"选项和"平均值"选项，在"选定汇总项"列表框中选中"基本工资""绩效工资""补贴""加班费""奖金""社保福利""应发工资""个人所得税""实发工资"等各复选框，单击"确定"按钮，完成分类汇总。

5）右击新工作表标签，在弹出的快捷菜单中选择"重命名"选项，将新工作表重命名为"职工工资分类汇总"，如图 10.27 所示。

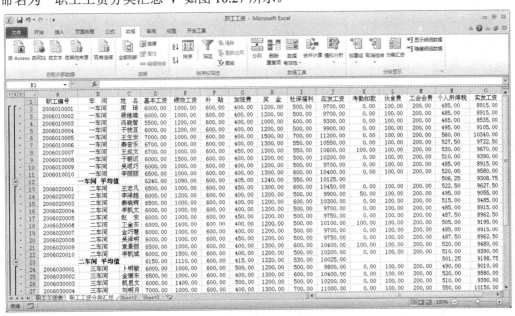

图 10.27　职工工资表的分类汇总结果

6）在"分级显示"列表中单击"2"号标签，隐藏详细数据，再分别选中并右击"职工编号""姓名""考勤扣款""伙食费""工会会费"等各列，在弹出的快捷菜单中选择"隐藏"选项，隐藏各列。选中 B12:O34 单元格区域，单击"插入"选项卡"图表"选项组中的"柱形图"下拉按钮，在弹出的下拉列表中选择"二维柱形图"中的"簇状柱形图"选项，为各项平均值创建"二维簇状柱形"图表，再单击"图表工具-设计"选项卡"数据"选项组中的"切换行/列"按钮，切换"车间"和其他列名的横坐标标签。

7）单击"图表工具-设计"选项卡"位置"选项组中的"移动图表"按钮，打开"移动图表"对话框。

8）在"选择放置图表的位置"选项组中，选中"新工作表"单选按钮，并在对应的文本框中输入"各项平均"，作为独立图表所在工作表的名称，单击"确定"按钮，创建独立图表，如图 10.28 所示。

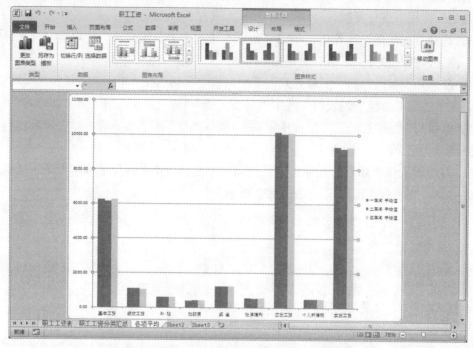

图 10.28　各项平均的"二维簇状柱形"独立图表

10.4　数据透视表和透视图

Excel 数据透视表是一种对大量数据进行快速汇总和建立交叉表的交互式表格，使用数据透视表可以方便地排列和汇总各种复杂数据，深入分析数值数据。数据透视表不仅易于创建，而且功能强大。数据透视图是数据透视表的一个更深层次的应用。与图表相似，数据透视图以图形方式表示数据，更为直观和形象。

1. 创建数据透视表

使用数据透视表可查询海量数据，分类汇总数值数据，创建自定义计算公式，展开或折叠要关注结果的数据级别，查看指定区域或摘要数据明细，通过将行移动到列或将列移动到行的方式查看源数据的不同汇总，对最有用和最关注的数据子集进行筛选、排序、分组和有条件地设置格式。以统计图 10.29 所示员工医疗费用统计表中各部门每项医疗报销的总费用为例，创建数据透视表的具体操作步骤如下：

日期	员工编号	员工姓名	性别	工资情况（元）	所属部门	医疗报销种类	医疗费用（元）	企业报销金额（元）
38523	1	王　娜	女	1300	行政部	药品费	300	240
38532	2	黄　军	男	1200	销售部	住院费	550	440
38536	3	李　原	男	2000	销售部	手术费	1600	1280
38547	4	张　静	女	1600	策划部	理疗费	180	144
38552	5	刘江海	男	1800	策划部	注射费	100	80
38556	6	吴树民	男	1800	研发部	针灸费	300	240
38560	7	张建业	男	1500	广告部	输血费	1400	1120
38568	8	闻传华	女	1000	办公室	接生费	300	240
38572	9	赵　亮	男	1600	策划部	接生费	70	56
38575	10	李惠惠	女	1000	广告部	住院费	400	320
38582	11	苏　爽	男	1700	人资部	X光透射费	150	120
38587	12	郑小叶	女	1400	人资部	住院煎药费	30	24
38592	13	曾　冉	女	1500	广告部	药品费	200	160

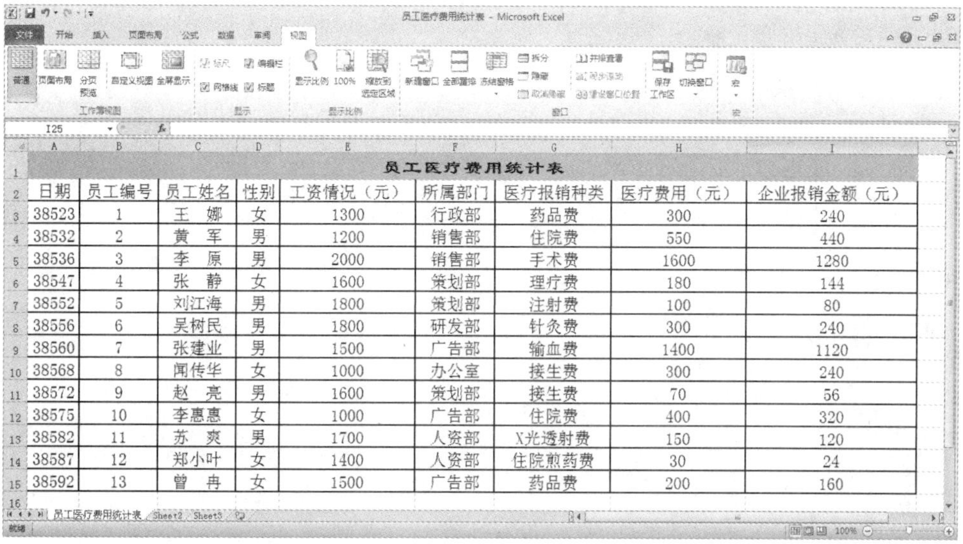

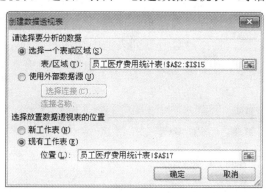

图 10.29　员工医疗费用统计表

1）单击“插入”选项卡“表格”选项组中的“数据透视表”下拉按钮，弹出下拉列表。

2）选择“数据透视表”选项，打开“创建数据透视表”对话框，如图 10.30 所示。

图 10.30　“创建数据透视表”对话框

3）选中“选择一个表或区域”单选按钮，表明要为当前工作表的指定单元格区域创建数据透视表。此时，单击“表/区域”文本框右侧的按钮，选取要创建数据透视表的单元格区域 A2:I15。如果选中“使用外部数据源”单选按钮，则引用其他数据表作为创建透视表的数据源；再选中“现有工作表”单选按钮，表明将要创建的数据透视表显示在当前工作表中。此时，单击“位置”文本框右侧的按钮，选取数据透视表显示区域，本例选取 A17 为开始的单元格区域。如果选中“新工作表”单选按钮，则创建的数据透视表将显示在另一个新的工作表中。

4）单击“确定”按钮，得到的数据透视表框架如图 10.31 所示。

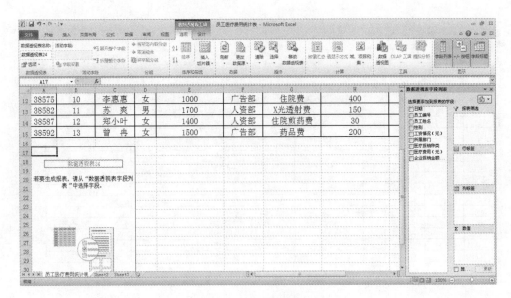

图 10.31　数据透视表框架

5）根据需要，分别拖动"数据透视表字段列表"窗格中指定的列名到"行标签"列表框和"列标签"列表框。对于本例，将"所属部门"拖动到"行标签"列表框，表明显示的行标签内容来源于"所属部门"；将"医疗报销种类"拖动到"列标签"列表框，表明显示的列标签内容来源于"医疗报销种类"。再选中要统计的列，本例选中"企业报销金额（元）"复选框，将在"数值"列表框中增加相应的下拉按钮，单击增加的下拉按钮，在弹出的下拉列表中选择"值字段设置"选项，打开"值字段设置"对话框，如图 10.32 所示。

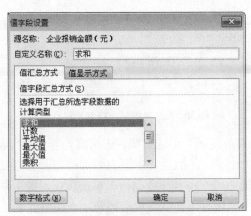

图 10.32　"值字段设置"对话框

6）在"自定义名称"文本框中重新输入名称，如"求和"。可以在"计算类型"列表框中选择不同的数据统计方式，如平均值、最大值、最小值等。最终创建的数据透视表如图 10.33 所示。

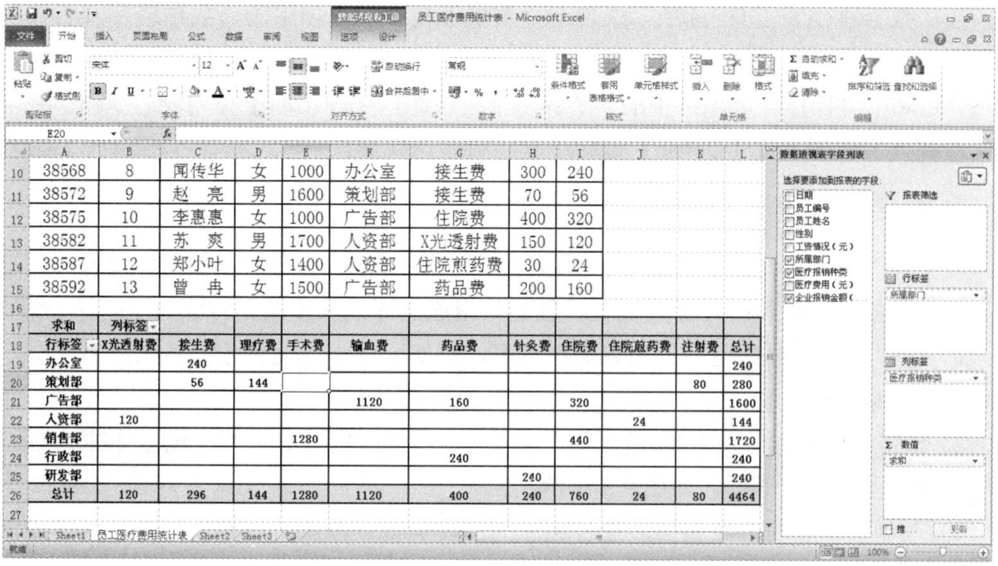

图 10.33　最终创建的数据透视表

2. 更新和维护数据透视表

成功创建数据透视表后，如果更改数据源中的数据，则更改也必须反映到数据透视表中，实现数据透视表的更新，才能保证数据透视表的正确统计。更新时，首先选中数据透视表，在功能区弹出"数据透视表工具-选项"选项卡，如图 10.34 所示，然后单击"数据"选项组中的"刷新"按钮，即可实现数据透视表的更新。

图 10.34　"数据透视表工具-选项"选项卡

如果在数据区域增加或删除了数据，则应更改数据源，将数据变化同步到数据透视表。单击"数据透视表工具-选项"选项卡"数据"选项组中的"更改数据源"按钮，打开"更改数据透视表数据源"对话框，如图 10.35 所示，更改数据源后，单击"确定"按钮即可。

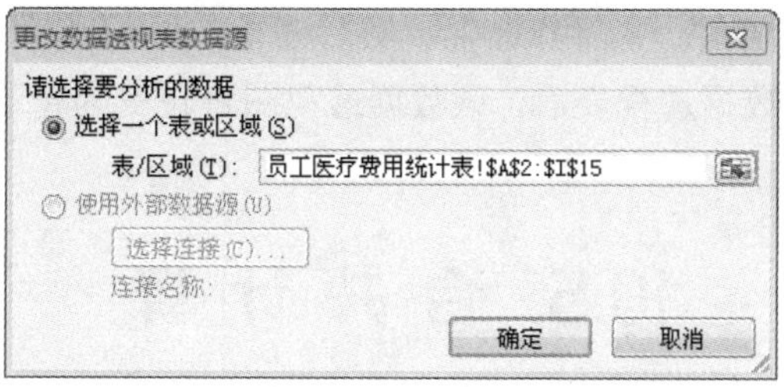

图 10.35　"更改数据透视表数据源"对话框

在"数据透视表工具-选项"选项卡"数据透视表"选项组的"数据透视表名称"文本框中可直接更改数据透视表名称。选中数据透视表，然后单击"数据透视表工具-选项"选项卡"操作"选项组中的"选择"下拉按钮，在弹出的下拉列表中选择"整个数据透视表"选项，按【Delete】键即可删除数据透视表。

3. 创建数据透视图

与图表类似，数据透视图是对数据透视表的图形显示，它建立在数据透视表的基础上，可使数据的分析和统计更为直观。创建数据透视图的具体操作步骤如下：

1）选中要创建数据透视图的数据透视表。例如，选中上面创建的各部门每项医疗报销总费用数据透视表。

2）单击"数据透视表工具-选项"选项卡"工具"选项组中的"数据透视图"按钮，打开"插入图表"对话框，如图 9.3 所示。

3）与创建图表的方法相同，选择相应的图表类型，单击"确定"按钮即可完成创建，结果如图 10.36 所示。

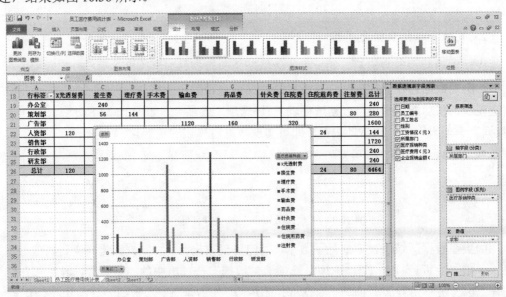

图 10.36　数据透视图

如果要删除数据透视图，先将其选中，然后按【Delete】键即可。需要指出：删除与数据透视图相关联的数据透视表后，该数据透视图将转变为普通图表，并从源数据中取值。

10.5　合　并　计　算

利用 Excel 的合并计算功能，能够将多个工作表中的数据同时进行计算汇总，可用于合并计算多个工作表中具有相同行标签和列标签的单元格数据，包括求和、平均值、最大值、最小值等多种运算。存放计算结果的工作表称为目标工作表，被合并的单元格区域称为源区域。图 10.37～图 10.39 为 3 个销售点的笔记本电脑销售统计表，以统计每周各型号笔记本电脑的总销量为例，实现合并计算的具体操作步骤如下：

1）选中存放合并结果的工作表，即“合计”工作表。

2）选中“合计”工作表中的 A1 单元格，单击“数据”选项卡“数据工具”选项组中的“合并计算”按钮，打开“合并计算”对话框，如图 10.40 所示。

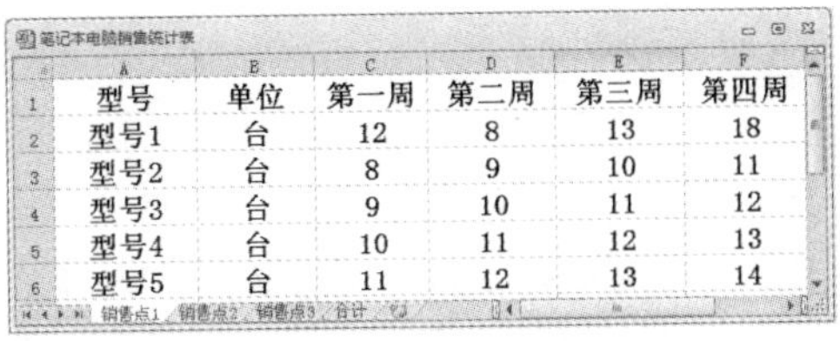

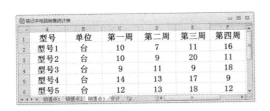

型号	单位	第一周	第二周	第三周	第四周
型号1	台	12	8	13	18
型号2	台	8	9	10	11
型号3	台	9	10	11	12
型号4	台	10	11	12	13
型号5	台	11	12	13	14

图 10.37　销售点 1 销售统计表

型号	单位	第一周	第二周	第三周	第四周
型号1	台	9	6	11	15
型号2	台	10	9	10	11
型号3	台	9	8	9	8
型号4	台	8	13	7	10
型号5	台	11	11	8	14

图 10.38　销售点 2 销售统计表

型号	单位	第一周	第二周	第三周	第四周
型号1	台	10	7	11	16
型号2	台	10	9	20	11
型号3	台	9	11	9	18
型号4	台	14	13	17	9
型号5	台	12	13	18	12

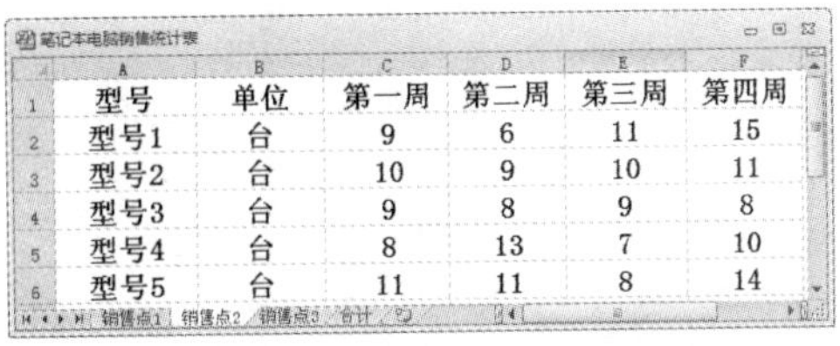

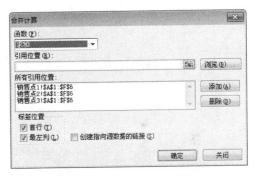

图 10.39　销售点 3 销售统计表

图 10.40　“合并计算”对话框

3）在“函数”下拉列表中选择合并方式为“求和”；再单击“引用位置”文本框右侧的按钮，选择要合并计算的数据源，每选择一个数据源，就单击一次“添加”按钮，将选择的数据源添加到“所有引用位置”列表框中。本例中要合并计算的数据源是销售点 1!A1:F6、销售点 2!A1:F6、销售点 3!A1:F6。如果要在“合计”工作表中保留原行标题和列标题，则选中“首行”和“最左列”两个复选框。

4）单击“确定”按钮，完成合并计算，如图 10.41 所示。

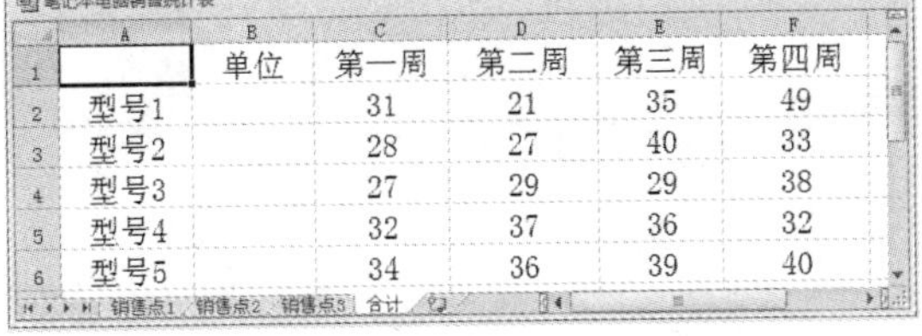

	单位	第一周	第二周	第三周	第四周
型号1		31	21	35	49
型号2		28	27	40	33
型号3		27	29	29	38
型号4		32	37	36	32
型号5		34	36	39	40

图 10.41　按位置合并计算结果

需要指出：不能对文本进行合并计算。因此，上例合并计算的结果中，“单位”列为空，需要重新输入；同时，左上角单元格为空，原因是该行均为列标签，不存在合并计算的数据，它作为行标签在合并计算时被忽略，也需要重新输入。

如果在合并计算时选中了被合并数据的行标签但未选中列标签，则数据按照行进行分类，合并计算按照列的顺序依次进行；反之，数据按照列进行分类，合并计算按照行的顺序依次进行；如果行列标签均未选中，则合并将按照单元格的顺序依次进行。

第11章 Excel 与其他程序的协同与共享

用户可以使用 Excel 方便地获取来自其他数据源的数据，也可以把在 Excel 中建立和保存的数据提供给其他程序使用，以达到共享数据资源的目的。一个 Excel 数据表格文件也被称为一个工作簿，可以对 Excel 工作簿实现共享，使多个用户协同工作，实现多个用户共同编辑。为了提高效率，还可以使用 Excel 提供的宏定义功能，快速完成重复性的工作。

11.1 共享工作簿

共享 Excel 工作簿提供了一种简单灵活的方式，使一组用户可以对列表或其他数据驱动项目进行合作。通过共享工作簿，多个用户可以方便地使用 Excel 提供的功能设计工作流。共享 Excel 工作簿不要求单个用户承担所有管理工作，工作组成员可以一同管理与维护工作簿。

1. 设置共享

要使工作簿能够为多个用户共同编辑，必须首先设置工作簿为共享。设置共享的具体操作步骤如下：

1）建立或打开要设置为共享的 Excel 工作簿。

2）单击"审阅"选项卡"更改"选项组中的"共享工作簿"按钮，如图 11.1 所示，打开"共享工作簿"对话框，如图 11.2 所示。

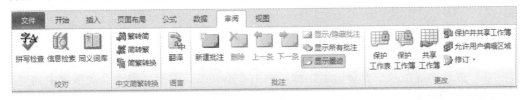

图 11.1 "审阅"选项卡

3）在"编辑"选项卡中选中"允许多用户同时编辑，同时允许工作簿合并"复选框，如图 11.2 所示；在"高级"选项卡选择用于跟踪和更新变化的选项，如图 11.3 所示。

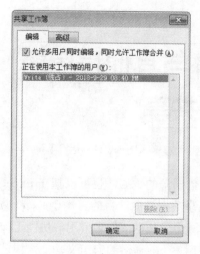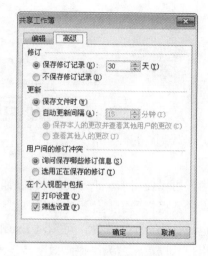

图 11.2 "编辑"选项卡   图 11.3 "高级"选项卡

4）单击"确定"按钮，将工作簿设置为共享。如果工作簿是新建立的，将弹出提示保存数据文件的提示框，单击"确定"按钮即可。

5）将设置为共享的 Excel 工作簿保存在网络上，使其他用户能够访问到，如保存在共享文件夹下。

共享设置成功后，用户可以像编辑其他工作簿一样，对保存在共享位置的工作簿进行编辑。并且，为了在共享工作簿中标明不同用户编辑的内容，可选择"文件"→"选项"选项，打开"Excel 选项"对话框，如图 11.4 所示，在其中的"对 Microsoft Office 进行个性化设置"选项组的"用户名"文本框中输入正在编辑工作簿的用户名称，并单击"确定"按钮即可。单击快速访问工具栏中的"保存"按钮或按【Ctrl+S】组合键对工作簿进行保存的同时，能够查看自上次保存以来其他用户已经保存的更改。如果想要知道还有哪些用户正在编辑工作簿，可以打开"共享工作簿"对话框，在"编辑"选项卡的"正在使用本工作簿的用户"列表框中查看即可。如果要删除某一用户，则选中该用户，单击"删除"按钮，断开连接。如果删除的是正在编辑工作簿的用户，则这些用户尚未保存的数据将丢失。

2．取消与保护共享

可以取消对工作簿的共享设置，取消前，必须确保其他用户已经完成必要的工作，否则所有未被保存的数据都将丢失。取消共享设置的具体操作步骤如下：

1）打开要取消共享设置的工作簿，单击"审阅"选项卡"更改"选项组中的"共享工作簿"按钮，打开"共享工作簿"对话框，如图 11.2 所示。

2）在"编辑"选项卡中，除当前用户以外，删除"正在使用本工作簿的用户"列表框中的其余全部用户。

3）取消选中"允许多用户同时编辑，同时允许工作簿合并"复选框。

4）单击"确定"按钮，在弹出的提示框中单击"是"按钮，即可取消共享设置。

具有网络共享权限的用户能够对已设置为共享的工作簿进行访问，保护共享涉及对一些必要的数据进行保护，防止其他用户肆意地更改数据。仍以"学生成绩表"工作簿为例，如图 11.5 所示，设置为禁止修改"学生成绩表"工作簿的结构和窗口、"Sheet1"工作表中的列标签和"姓名"数据。

图 11.4　"Excel 选项"对话框

	A	B	C	D	E	F	G	H	I
1	考号	姓名	语文	数学	英语	总分	班名次	升降幅度	是否为三好学生
2	70605	杨 璐	131	143	144	418	1	↑4	是
3	70603	王 雪	131	135	144	410	2	↑1	是
4	70609	韩林霖	127	139	142	408	3	↑6	是
5	70601	沙龙逸	123	148	136	407	4	↓3	是
6	70606	李鉴学	126	135	140	401	5	↑1	是
7	70604	韩雨萌	129	133	138	400	6	↓2	是
8	70602	刘 帅	116	143	140	399	7	↓5	是
9	70616	康惠雯	114	142	139	395	8	↓3	是
10	70607	刘钰婷	115	139	135	389	9	↓2	否
11	70611	林世博	116	142	129	387	10	↑1	否
12	70621	张 希	123	130	134	387	11	↑10	否
13	70608	徐 冲	122	124	139	385	12	↓4	否
14	70612	苑宇飞	118	136	131	385	13	↓1	否
15	70623	卢一凡	121	123	139	383	14	↑9	否
16	70610	张瑞鑫	126	115	139	380	15	↓5	否

图 11.5　"学生成绩表"工作簿

图 11.6 "保护结构和窗口"对话框

设置保护共享的具体操作步骤如下：

1）打开"学生成绩表"工作簿，如果工作簿已经设置为共享，则首先取消共享。

2）单击"审阅"选项卡"更改"选项组中的"保护工作簿"按钮，打开"保护结构和窗口"对话框，如图 11.6 所示。选中"保护工作簿"选项组中的"结构"和"窗口"两个复选框，单击"确定"按钮即可。需要指出的是：选中"结构"复选框，表明对工作簿的结构进行保护，将不允许用户插入、删除、移动、复制、隐藏、取消隐藏工作表和修改工作表标签颜色；选中"窗口"复选框，表明对工作簿的窗口进行保护，将锁定工作表窗口界面，不能最大化、最小化工作表窗口。同时，根据需要，可以设置取消保护工作簿时的密码。

3）选中工作表中要保护为不能编辑的单元格区域，并右击，弹出的快捷菜单如图 11.7 所示。选择"设置单元格格式"选项，打开"设置单元格格式"对话框，如图 11.8 所示，在"保护"选项卡中选中"锁定"复选框；再选中工作表中没有被保护可任意编辑的其他单元格区域，使用相同的方法打开"设置单元格格式"对话框，在"保护"选项卡中取消选中"锁定"复选框。

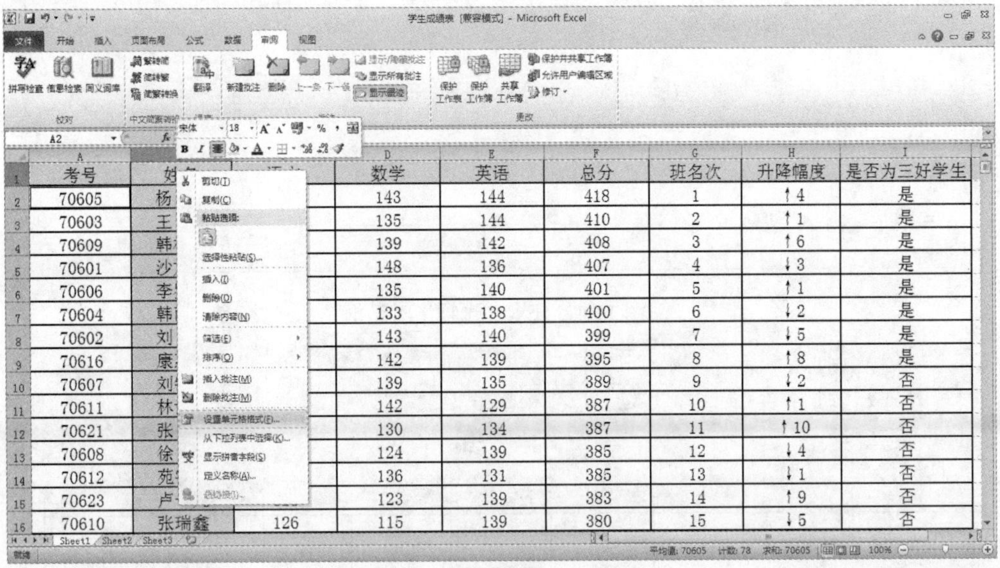

图 11.7 单元格区域快捷菜单

4）单击"审阅"选项卡"更改"选项组中的"保护工作表"按钮，打开"保护工作表"对话框，如图 11.9 所示。选中"保护工作表及锁定的单元格内容"复选框，在"允许此工作表的所有用户进行"列表框中选择可以进行的操作，如本例选中"选定未锁定的单元格"复选框，表明可以对未被锁定的单元格进行编辑。可以根据需要，设置取消工作表保护时使用的密码。

5）单击"审阅"选项卡"更改"选项组中的"保护并共享工作簿"按钮，打开"保护共享工作簿"对话框，如图 11.10 所示。

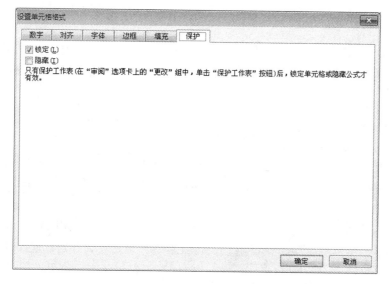

图 11.8　"设置单元格格式"对话框

图 11.9　"保护工作表"对话框

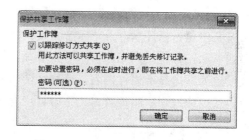

图 11.10　"保护共享工作簿"对话框

6）选中"以跟踪修订方式共享"复选框，同样，根据需要可设置共享密码，单击"确定"按钮即完成保护共享的设置。

11.2　修订工作簿

Excel 共享工作簿创建成功后，使用跟踪修订功能，用户可以随时查看工作簿被修改的情况，突出显示其他用户的修订内容，以及修订中的某项或多项具体内容。事实上，将工作簿设置为共享后，修订功能会自动启用。默认情况下，Excel 会将修订记录保留 30 天并永久地清除更早的全部修订记录，如果希望将修订记录保留 30 天以上，可在图 11.3 所示的"共享工作簿"对话框的"保存修订记录"数值框中输入希望保留的天数。修订功能启用后，工作簿也自动设置为共享。同时，修订记录也会随着修订功能的关闭或共享属性的取消而被删除。

1. 突出显示修订

与 Word 中的修订类似，对共享工作簿设置为突出显示修订内容后，会以不同的颜色显示修订内容，用以区分不同用户对工作簿所做的编辑。设置突出显示修订的具体操作步骤如下：

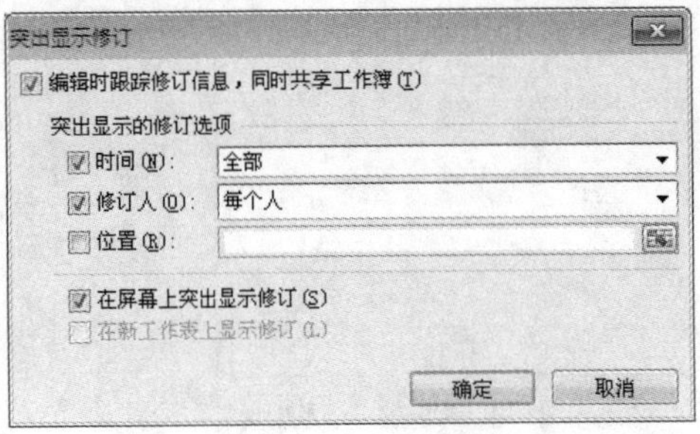

图 11.11 "突出显示修订"对话框

1）打开共享工作簿，单击"审阅"选项卡"更改"选项组中的"修订"下拉按钮，在弹出的下拉列表中选择"突出显示修订"选项，打开"突出显示修订"对话框，如图 11.11 所示。

2）选中"编辑时跟踪修订信息，同时共享工作簿"复选框，开始设置修订属性。选中"时间"复选框，表示可设定记录修订的起始时间；选中"修订人"复选框，表示可指定突出显示哪一个或哪些用户的修订；选中"位置"复选框，表示可指定要突出显示修订的单元格区域，如不选中，则指定全部单元格作为突出显示修订的区域。要选中"在屏幕上突出显示修订"复选框，才能保证突出显示修订。

3）单击"确定"按钮，完成突出显示修订的设置。

设置突出显示修订后，当光标停留在被修订的单元格上面时，修订的详细信息将以批注形式显示在旁边。例如，将"学生成绩表"工作簿设置共享后，按照图 11.11 所示的方式设置为突出显示修订内容，被修订的单元格和显示批注如图 11.12 所示。当被修订的内容较少或只想粗略地查看一下修订内容时，突出显示修订内容会很方便。

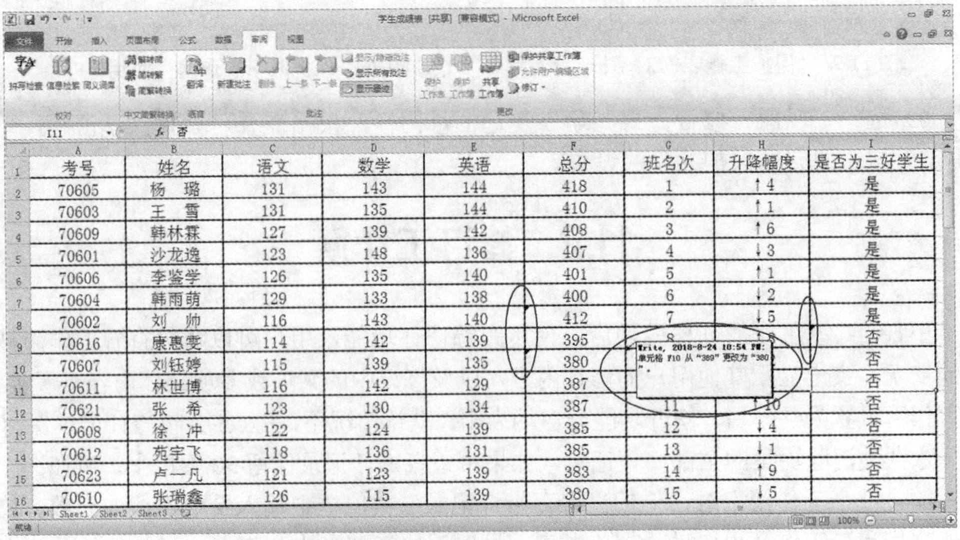

图 11.12 被修订的单元格和显示批注

2. 接受或拒绝修订

如果认可其他用户的修改，则接受修订，将修订后的数据作为正式数据而不再突出显示修订信息；否则拒绝修订，恢复原有数据。接受或拒绝修订的具体操作步骤如下：

1）单击"审阅"选项卡"更改"选项组中的"修订"下拉按钮，在弹出的下拉列表中选择"接受/拒绝修订"选项，打开"接受或拒绝修订"对话框，如图 11.13 所示。

图 11.13　"接受或拒绝修订"对话框 1

2）在该对话框中设置修订选项，用于指定接受或拒绝修订数据的范围。

3）单击"确定"按钮，打开新的"接受或拒绝修订"对话框，如图 11.14 所示。

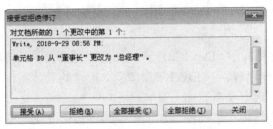

图 11.14　"接受或拒绝修订"对话框 2

4）每单击一次"接受"按钮，就按照顺序接受一个修订；同样，每单击一次"拒绝"按钮，就按照顺序拒绝一个修订；单击"全部接受"按钮，则接受选中的全部修订数据；单击"全部拒绝"按钮，则拒绝选中的全部修订数据。

3. 关闭修订

关闭修订将删除工作簿的全部修订记录。关闭修订的具体操作步骤如下：

1）单击"审阅"选项卡"更改"选项组中的"共享工作簿"按钮，打开"共享工作簿"对话框，如图 11.3 所示。

2）在"高级"选项卡中，选中"不保存修订记录"单选按钮。

3）单击"确定"按钮，弹出提示框，如图 11.15 所示。

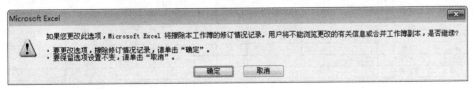

图 11.15　关闭修订提示框

4) 单击"确定"按钮即可关闭修订。

可以在关闭修订的同时取消对工作簿的共享，具体操作步骤如下：

1) 打开共享的工作簿，单击"审阅"选项卡"更改"选项组中的"修订"下拉按钮，在弹出的下拉列表中选择"突出显示修订"选项，打开"突出显示修订"对话框，如图 11.11 所示。

2) 取消选中"编辑时跟踪修订信息，同时共享工作簿"复选框。单击"确定"按钮，弹出提示框，如图 11.16 所示，单击"是"按钮即可在关闭修订的同时取消共享。

图 11.16 取消共享提示框

11.3 插 入 批 注

与 Word 的批注类似，为 Excel 工作簿插入批注是指为单元格数据添加解释或说明性文字，便于其他用户理解。为 Excel 工作簿插入批注的具体操作步骤如下：

1) 打开工作簿，选中要添加批注的单元格。

2) 单击"审阅"选项卡"批注"选项组中的"新建批注"按钮，选中的单元格旁边会弹出批注输入框。

3) 在输入框中直接输入批注，如图 11.17 所示。

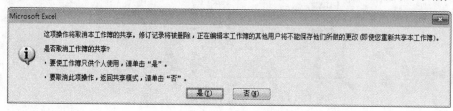

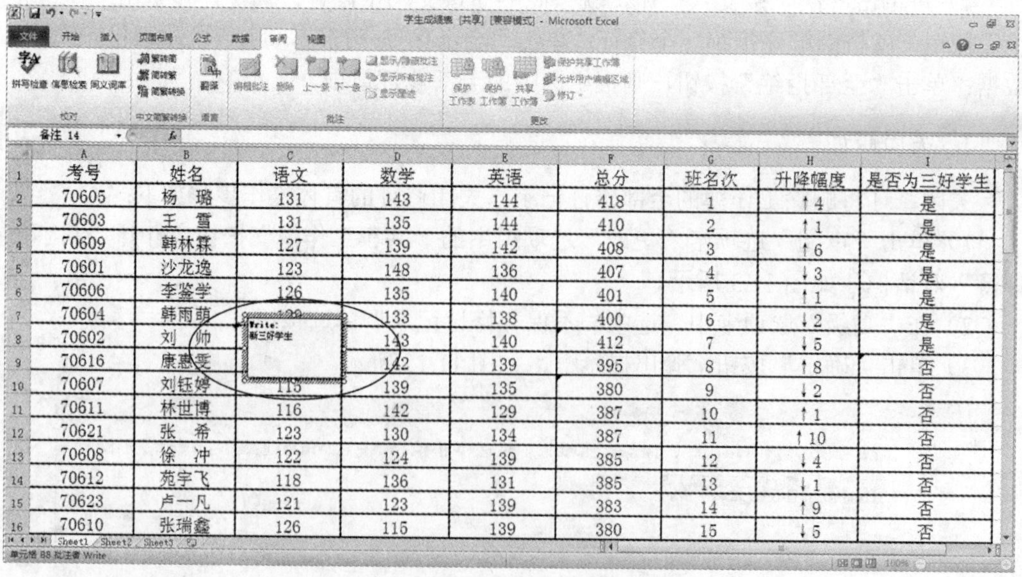

图 11.17 添加的批注

如果单元格右上角有红色的三角形标记，则表明该单元格已有批注。将鼠标指针移动到红色的三角形标记上，可显示批注内容，移开鼠标指针后批注被隐藏。若希望固定显示批注，则选中要显示批注的单元格，单击“审阅”选项卡“批注”选项组中的“显示/隐藏批注”按钮来显示该批注。以非编辑方式选中一个固定显示的批注时，单击“显示/隐藏批注”按钮，即可取消该批注的固定显示。若要显示所有批注，则单击“审阅”选项卡“批注”选项组中的“显示所有批注”按钮即可，再次单击此按钮，则隐藏所有批注。若要删除批注，首先选中要删除批注的单元格，然后单击“审阅”选项卡“批注”选项组中的“删除”按钮即可。

11.4　获取外部数据

Excel 允许从其他来源获取数据，如导入文本文件、数据库文件包含的数据到 Excel 工作簿，插入链接来登录到网站查看数据等。这极大地提高了 Excel 数据的编辑效率，扩展了数据的获取来源。

11.4.1　导入文本文件

用户不仅可以通过输入数据的方法来建立 Excel 工作簿，还能够在 Excel 的编辑环境中通过导入其他格式的外部数据来建立工作簿，如使用 Excel 导入文本文件。

使用 Excel 导入文本文件时，要求文本文件包含的数据必须以制表符、冒号、分号、空格或其他分隔符分隔。例如，图 11.18 所示的“学生信息表”文本文件，其各数据项均以逗号“,”分隔。

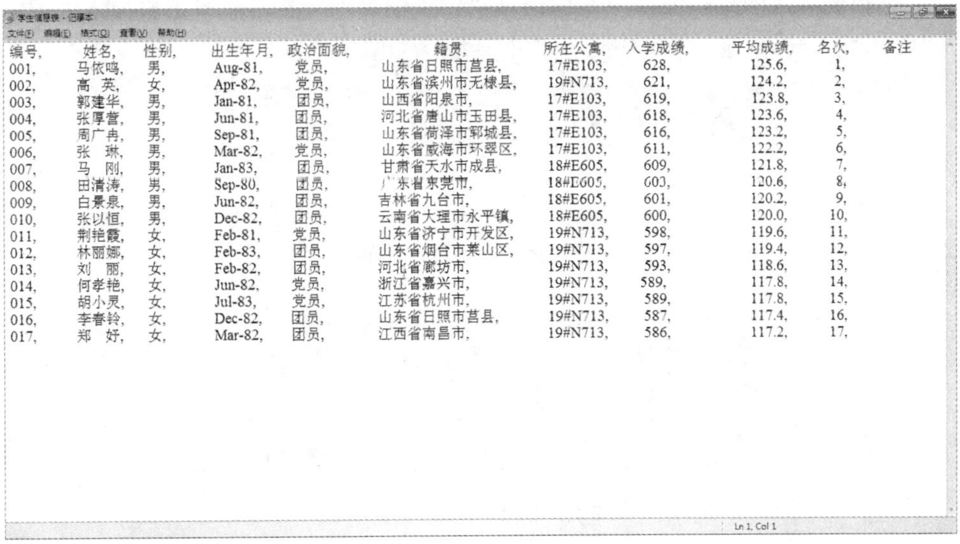

编号,	姓名,	性别,	出生年月,	政治面貌,	籍贯,	所在公寓,	入学成绩,	平均成绩,	名次,	备注
001,	马依鸣,	男,	Aug-81,	党员,	山东省日照市莒县,	17#E103,	628,	125.6,	1,	
002,	高　英,	女,	Apr-82,	党员,	山东省滨州市无棣县,	19#N713,	621,	124.2,	2,	
003,	郭建华,	男,	Jan-81,	团员,	山西省阳泉市,	17#E103,	619,	123.8,	3,	
004,	张厚营,	男,	Jun-81,	团员,	河北省唐山市玉田县,	17#E103,	618,	123.6,	4,	
005,	周广冉,	男,	Sep-81,	团员,	山东省荷泽市郓城县,	17#E103,	616,	123.2,	5,	
006,	张　琳,	男,	Mar-82,	党员,	山东省威海市环翠区,	17#E103,	611,	122.2,	6,	
007,	马　刚,	男,	Jan-83,	团员,	甘肃省天水市成县,	18#E605,	609,	121.8,	7,	
008,	田清涛,	男,	Sep-80,	团员,	广东省东莞市,	18#E605,	603,	120.6,	8,	
009,	白景泉,	男,	Jun-82,	团员,	吉林省九台市,	18#E605,	601,	120.2,	9,	
010,	张以恒,	男,	Dec-82,	团员,	云南省大理市永平镇,	18#E605,	600,	120.0,	10,	
011,	荆艳霞,	女,	Feb-81,	党员,	山东省济宁市开发区,	19#N713,	598,	119.6,	11,	
012,	林丽娜,	女,	Feb-83,	团员,	山东省烟台市莱山区,	19#N713,	597,	119.4,	12,	
013,	刘　丽,	女,	Feb-82,	团员,	河北省廊坊市,	19#N713,	593,	118.6,	13,	
014,	何孝艳,	女,	Jun-82,	党员,	浙江省嘉兴市,	19#N713,	589,	117.8,	14,	
015,	胡小灵,	女,	Jul-83,	党员,	江苏省杭州市,	19#N713,	589,	117.8,	15,	
016,	李春铃,	女,	Dec-82,	团员,	山东省日照市莒县,	19#N713,	587,	117.4,	16,	
017,	郑　妤,	女,	Mar-82,	团员,	江西省南昌市,	19#N713,	586,	117.2,	17,	

图 11.18　“学生信息表”文本

以该文本文件为例，实现导入外部数据的具体操作步骤如下：

1）打开或建立要导入文本文件的工作簿。

2）单击"数据"选项卡"获取外部数据"选项组中的"自文本"按钮，如图 11.19 所示，打开"导入文本文件"对话框，如图 11.20 所示。

图 11.19 "数据"选项卡

图 11.20 "导入文本文件"对话框

3）选择要导入的文本文件，本例选择"学生信息表"文本，单击"导入"按钮，打开"文本导入向导-第 1 步，共 3 步"对话框，如图 11.21 所示。

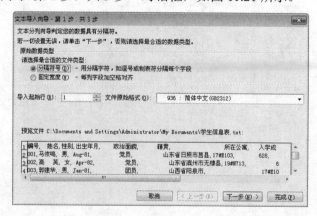

图 11.21 "文本导入向导-第 1 步，共 3 步"对话框

4）在"请选择最合适的文件类型"选项组中选择所导入文本的列分隔方式。如果文本中的各项是以制表符、冒号、分号、空格或其他字符分隔的，则选中"分隔符号"单选按钮；如果文本中每一列的长度都相等，则选中"固定宽度"单选按钮。本例选中

"分隔符号"单选按钮。再在"导入起始行"数值框中输入要导入文本的起始行号，并在"文件原始格式"下拉列表中选择语言编码，通常选用"简体中文(GB2312)"。单击"下一步"按钮，打开"文本导入向导-第 2 步，共 3 步"对话框，如图 11.22 所示。

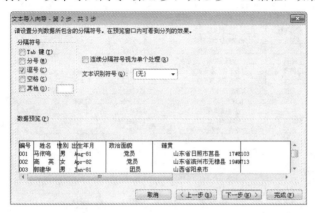

图 11.22　"文本导入向导-第 2 步，共 3 步"对话框

5）在"分隔符号"选项组中选择文本文件实际使用的分隔符号，本例选中"逗号"复选框。如果列表中不包含文本使用的分隔符号，则选中"其他"复选框，并在其右侧文本框中输入文本中使用的分隔符号。单击"下一步"按钮，打开"文本导入向导-第 3 步，共 3 步"对话框，如图 11.23 所示。

6）在该对话框中为每一列要导入的数据设置格式。例如，选中"数据预览"选项组中的"编号"列，可在"列数据格式"选项组中为"编号"列设置数据格式；选中"姓名"列，可在"列数据格式"选项组中为"姓名"列设置数据格式；以此类推。本例导入数据的所有列均设置为"常规"。

7）单击"完成"按钮，打开"导入数据"对话框，如图 11.24 所示，设置导入数据的显示区域或显示在新的工作表中。

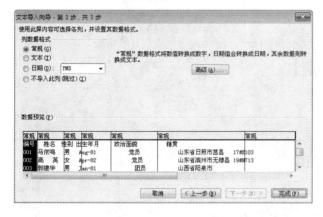

图 11.23　"文本导入向导-第 3 步，共 3 步"对话框　　图 11.24　"导入数据"对话框

8）单击"确定"按钮，完成导入，结果如图 11.25 所示。

编号	姓名	性别	出生年月	政治面貌	籍贯	所在公寓	入学成绩	平均成绩	名次	备注
001	马依鸣	男	29799	党员	山东省日照市莒县	17#E103	628	125.6	1	
002	高　英	女	30042	党员	山东省滨州市无棣县	19#N713	621	124.2	2	
003	郭建华	男	29587	团员	山西省阳泉市	17#E103	619	123.8	3	
004	张厚营	男	29738	团员	河北省唐山市玉田县	17#E103	618	123.6	4	
005	周广冉	男	29830	团员	山东省荷泽市郓城县	17#E103	616	123.2	5	
006	张　琳	男	30011	党员	山东省威海市环翠区	17#E103	611	122.2	6	
007	马　刚	男	30317	团员	甘肃省天水市成县	18#E605	609	121.8	7	
008	田清涛	男	29465	团员	广东省东莞市	18#E605	603	120.6	8	
009	白景泉	男	30103	团员	吉林省九台市	18#E605	601	120.2	9	
010	张以恒	男	30286	团员	云南省大理市永平镇	18#E605	600	120.2	10	
011	荆艳霞	女	29618	党员	山东省济宁市开发区	19#N713	598	119.6	11	
012	林丽娜	女	30348	团员	山东省烟台市莱山区	19#N713	597	119.4	12	
013	刘　丽	女	29983	团员	河北省廊坊市	19#N713	593	118.6	13	
014	何孝艳	女	30103	党员	浙江省嘉兴市	19#N713	589	117.8	14	
015	胡小灵	女	30498	党员	江苏省杭州市	19#N713	589	117.8	15	
016	李春铃	女	30286	团员	山东省日照市莒县	19#N713	587	117.4	16	
017	郑　妤	女	30011	团员	江西省南昌市	19#N713	586	117.2	17	

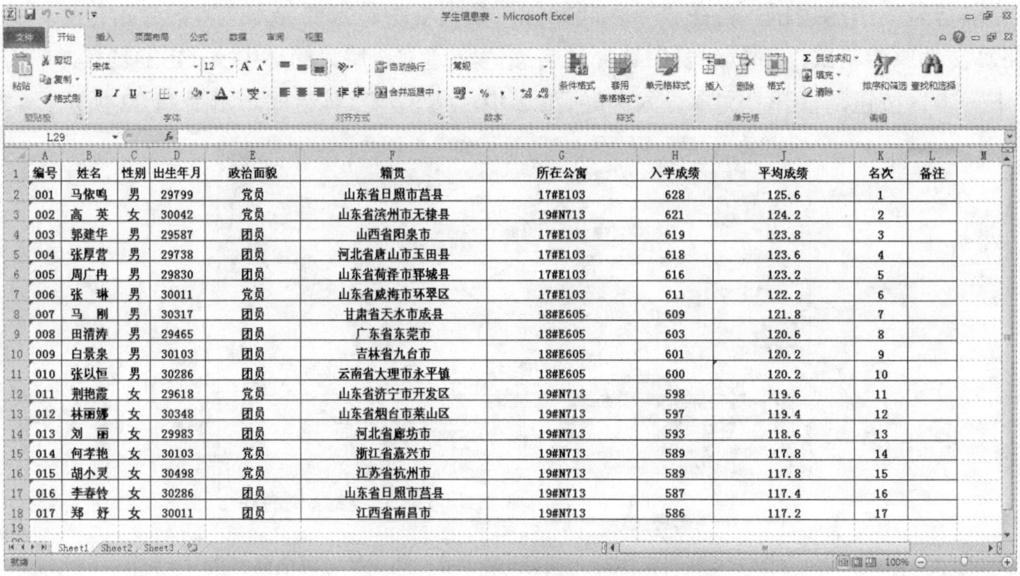

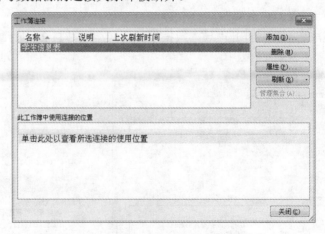

图 11.25　导入的“学生信息表”

被导入的数据与外部数据在默认情况下仍然保持连接关系，当外部数据变化时，通过单击“数据”选项卡“连接”选项组中的“全部刷新”按钮，可刷新导入的数据，以使数据与外部数据保持一致。若要断开连接，首先单击“数据”选项卡“连接”选项组中的“连接”按钮，打开“工作簿连接”对话框，如图 11.26 所示；然后在列表中选择要断开的数据源，单击“删除”按钮，弹出提示框，如图 11.27 所示，单击“确定”按钮，被导入数据与数据源的连接关系即被断开。

图 11.26　“工作簿连接”对话框

使用类似的方法，通过单击“数据”选项卡“获取外部数据”选项组中的其他按钮或下拉按钮，可以导入其他类型的数据到 Excel 工作簿，如 Access 数据库、SQL Server 数据库等。

图 11.27　导入数据与数据源断开连接的提示框

11.4.2　插入超链接

可以为 Excel 工作簿包含的单元格数据、图表、透视表或透视图等对象设置超链接，通过单击这些设置了超链接的对象，可以打开对象所链接的文件或网页。例如，向图 11.25 所示的"学生信息表"中的学生编号插入"入学简历"超链接，单击每一个学生的编号时，自动打开该学生的入学简历供用户查看。插入超链接的具体操作步骤如下：

1）打开工作簿，选中要插入链接的对象。本例首先选中编号"001"单元格。

2）单击"插入"选项卡"链接"选项组中的"超链接"按钮，如图 11.28 所示，打开"插入超链接"对话框，如图 11.29 所示。

图 11.28　"插入"选项卡

图 11.29　"插入超链接"对话框

3）在该对话框中指定被链接的对象。选择"当前文件夹"选项，首先链接到"..\My Documents\入学简历\马依鸣.doc"。在"地址"输入框中可以输入网址，使选中的单元格链接到网络对象。

4）单击"确定"按钮，完成本单元格插入超链接的设置。

5）以此类推，对表格中的其他学生编号也按照这种方式插入超链接。

插入了超链接的对象将以蓝色加下划线的形式显示在表格中，如果单击该对象，将打开被链接的对象。例如，单击编号"001"，打开被链接的对象"..\My Documents\入学简历\马依鸣.doc",如图 11.30 所示。如果被链接的对象是网页,当单击插入超链接的对象时,将打开浏览器,通过网络加载并显示对应的网页。

图 11.30 被链接的对象

11.5 与其他程序共享数据

用户可以使用多种方法实现 Excel 与其他程序的数据共享,主要包括使用电子邮件分发 Excel 工作簿、与使用早期版本的 Excel 用户交换工作簿、将工作簿发布为 PDF/XPS 格式。

(1)通过电子邮件分发工作簿

与 Word 文档的共享相似,工作簿建立完成以后,可使用 Excel 提供的电子邮件功能将工作簿发送给其他用户。单击"文件"→"保存并发送"→"使用电子邮件发送"→"作为附件发送"按钮,将文档以邮件方式发送给指定用户,可实现 Excel 数据的共享,如图 11.31 所示。

(2)与使用早期版本的 Excel 用户交换工作簿

此交换方式又分为两种情况:①将 Excel 2010 工作簿另存为早期版本工作簿。首先打开要转换为早期版本的 Excel 2010 工作簿,然后选择"文件"→"另存为"选项,打开"另存为"对话框,在"保存类型"下拉列表中选择"Excel 97-2003 工作簿"选项,并在"文件名"文本框中输入要另存的文件名,再选择路径,单击"保存"按钮即可实现交换。②将早期版本 Excel 工作簿另存为 Excel 2010 工作簿。首先在 Excel 2010 环境下打开要保存的 Excel 97-2003 工作簿,然后选择"文件"→"另存为"选项,打开"另存为"对话框,在"保存类型"下拉列表中选择"Excel 工作簿"选项,并在"文件名"文本框中输入要另存的文件名,再选择路径,单击"保存"按钮即可实现交换。

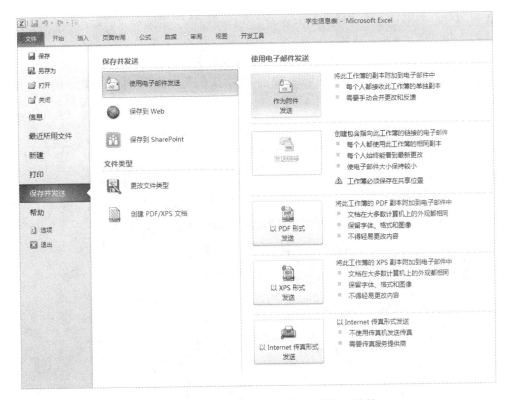

图 11.31　使用 Excel 电子邮件功能发送工作簿

（3）将工作簿发布为 PDF/XPS 格式

PDF 和 XPS 格式的文件通常为只读属性，只允许用户查看其中的数据。查看 PDF 的文件数据时，事先必须安装相关的 PDF 阅读软件。发布时，首先打开要发布的 Excel 工作簿，然后选择"文件"→"另存为"选项，打开"另存为"对话框，在"保存类型"下拉列表中选择"PDF"或"XPS 文档"选项，并在"文件名"文本框中输入要发布的 PDF 或 XPS 文档的文件名，单击"保存"按钮即可实现发布。

11.6　宏的简单应用

宏是一种批量处理的功能。确切地说，宏是定义好的指令集合，当宏被执行时，将自动执行这些事先定义好的批量指令。Excel 使用的是 VBA 宏，它由一系列的 Visual Basic 代码构成，存储在工作簿中。利用宏能够简化操作 Excel 的工作过程，使操作更加方便快捷。

1. 录制宏

VBA 宏的建立过程是一组程序集的建立过程。如果用户熟悉 Visual Basic 语言，则可直接使用 Visual Basic 语言编写宏；如果用户不熟悉 Visual Basic 语言，则可使用 Excel 提供的宏录制功能来建立宏，使用这种方法，用户不必编写程序代码。因此，对于一般用户而言，常采用该方法。以建立"向工作表自动插入一串字符"的宏为例，录制宏的具体操作步骤如下：

1）打开工作簿，并选中要输入该串字符的单元格。

2）单击"视图"选项卡"宏"选项组中的"宏"下拉按钮，如图 11.32 所示，弹出下拉列表。

图 11.32 "视图"选项卡

3）选择"录制宏"选项，打开"录制新宏"对话框，如图 11.33 所示。

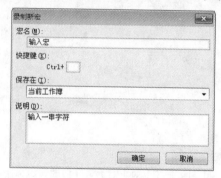

图 11.33 "录制新宏"对话框

4）在"宏名"文本框中输入宏名；在"快捷键"文本框中输入快捷键字符，表明可以使用快捷键执行宏。如果"Ctrl"和输入字符组成的快捷键与 Excel 中已定义的快捷键相冲突，如输入的快捷键字符为"P"时，"Ctrl+P"是 Excel 中已定义的打印命令快捷键，会发生冲突，此时快捷键将自动变为"Ctrl""Shift"和输入字符的组合形式，即"Ctrl+Shift+P"；在"保存在"下拉列表中选择宏要保存的位置；在"说明"文本框中可输入一些说明性文字。

5）单击"确定"按钮，开始录制宏。

6）在选中的单元格中输入宏指定的字符串，输入完成后，按【Enter】键。

7）再次单击"视图"选项卡"宏"选项组中的"宏"下拉按钮，在弹出的下拉列表中选择"停止录制"选项，完成宏的建立。

2. 运行宏

运行宏之前，需要进行一些必要的设置，以保证宏的正常运行。首先加载"开发工具"选项卡，具体的操作步骤如下：

1）选择"文件"→"选项"选项，打开"Excel 选项"对话框，如图 11.34 所示。

2）选择左侧类别列表中的"自定义功能区"，在"自定义功能区"下拉列表中选择"主选项卡"选项，并选中"开发工具"复选框。

3）单击"确定"按钮，加载并在功能区显示"开发工具"选项卡，如图 11.35 所示。

图 11.34　"Excel 选项"对话框

图 11.35　"开发工具"选项卡

其次，必须启用所有宏，具体的操作步骤如下：

1）单击"开发工具"选项卡"代码"选项组中的"宏安全性"按钮，打开"信任中心"对话框，如图 11.36 所示。

2）选择左侧类别列表中的"宏设置"，再选中"启用所有宏（不推荐；可能会运行有潜在危险的代码）"单选按钮。

3）单击"确定"按钮，启用所有宏。

运行宏时，可直接使用定义好的快捷键，或者单击"开发工具"选项卡"代码"选项组中的"宏"按钮，打开"宏"对话框，如图 11.37 所示，并在其中选择和执行宏即可。

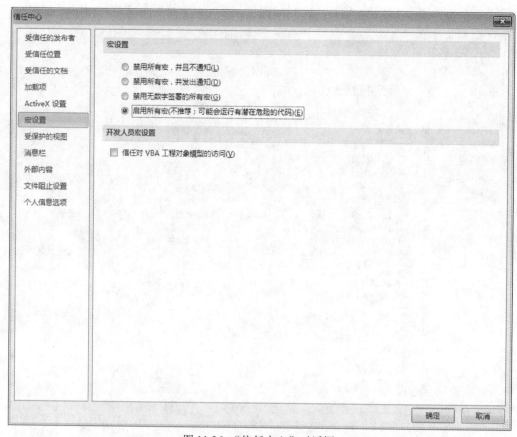

图 11.36 "信任中心"对话框

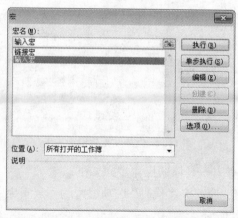

图 11.37 "宏"对话框

若一个宏不再被使用，可以在图 11.37 所示的"宏"对话框中选择并删除它。

3. 宏与对象的链接

将宏链接到图片、各种控件、图表等对象上时，单击对象即可执行被链接的宏。实现链接的具体操作步骤如下：

1）打开工作簿，右击要链接宏的对象，在弹出的快捷菜单中选择"指定宏"选项，如图 11.38 所示，打开"指定宏"对话框，如图 11.39 所示。

图 11.38　右击对象弹出的快捷菜单　　　　　　图 11.39　"指定宏"对话框

3）在"宏名"列表框中选择要链接的宏。

4）单击"确定"按钮，完成宏与对象的链接设置。

第12章 幻灯片中对象的编辑

PowerPoint 是 Microsoft 公司开发的演示文稿软件，是 Office 软件包的一个组件。用户可以在投影仪或计算机上进行演示，也可以将演示文稿打印出来，制作成胶片，以便应用到更广泛的领域中。利用 PowerPoint 不仅可以创建演示文稿，还可以在互联网上召开面对面会议、远程会议或在网上给观众展示演示文稿。使用 PowerPoint 制作出来的文件称为演示文稿，其扩展名为.ppt、.pptx；也可以保存为 PDF、图片格式等。利用 PowerPoint 2010 及以上版本制作的演示文稿可保存为视频格式。演示文稿中的每一页称为一张幻灯片。一套完整的演示文稿一般包含片头、动画、封面、前言、目录、过渡页、图表页、图片页、文字页、封底、片尾动画等；所采用的素材有文字、图片、图表、动画、声音、影片等。PowerPoint 正成为人们工作、生活中的重要工具，在工作汇报、企业宣传、产品推介、婚礼庆典、项目竞标、管理咨询、教育培训等领域占着举足轻重的地位。

12.1 使 用 图 形

可根据需要在幻灯片中插入合适的图形，并能够以 PowerPoint 提供的图形为元素构造复杂的图形。

1. 常规图形

常规图形是 PowerPoint 中包含的基本图形，如线条、基本形状、箭头、公式形状、流程图、星与旗帜、标注等。在幻灯片中插入基本图形的具体操作步骤如下：

1）单击"插入"选项卡"插图"选项组中的"形状"下拉按钮，如图 12.1 所示，弹出下拉列表。

图 12.1 "插入"选项卡

2）根据制作幻灯片的需要，在弹出的下拉列表中选择指定形状。

3）将鼠标指针移动到要插入图形的位置，再按住鼠标左键并拖动鼠标进行绘制，直至图形尺寸满足要求后，释放鼠标左键，完成绘制。

2．SmartArt 图形

SmartArt 图形是信息和观点的视觉表达形式。可以从多种不同的布局中进行选择以创建 SmartArt 图形，从而快速、轻松、有效地传达信息，它是一系列已经成型的表示某种关系的逻辑图、组织结构图，相对于在幻灯片中输入"单薄"的文字而言，使用 SmartArt 功能美化幻灯片能够达到专业演示的效果，使幻灯片更加美观。在幻灯片中插入 SmartArt 图形的具体操作步骤如下：

1）在幻灯片窗格中选择要插入剪贴画的幻灯片，如图 12.2 所示。如果幻灯片窗格未显示在工作区，则单击"视图"选项卡"演示文稿视图"选项组中的"普通视图"按钮，如图 12.3 所示，可将该窗格显示在工作区。

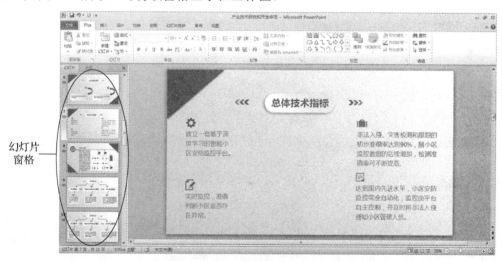

图 12.2　从窗格中选择幻灯片

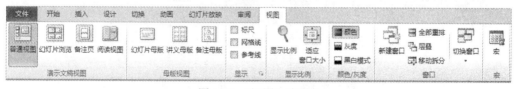

图 12.3　"视图"选项卡

2）单击"插入"选项卡"插图"选项组中的"SmartArt"按钮，打开"选择 SmartArt 图形"对话框，如图 12.4 所示。

3）根据需要，在该对话框中选择一类 SmartArt 图形的某一种样式。例如，选择"矩阵"SmartArt 图形中的"带标题的矩阵"样式，单击"确定"按钮，即可插入"带标题的矩阵"SmartArt 图形模板，如图 12.5 所示，可向模板中标有"[文本]"字样的编辑框中输入文字。对于其他模板，如果其元素上未标明"[文本]"字样，则可右击该元素，在弹出的快捷菜单中选择"编辑文字"选项，再输入文字。

选中插入的 SmartArt 图形后，PowerPoint 会自动在功能区加载"SmartArt 工具-设计"选项卡和"SmartArt 工具-格式"选项卡，分别如图 12.6 和图 12.7 所示。如果用户对建立的图形不满意，则可使用"SmartArt 工具-设计"选项卡和"SmartArt 工具-格式"选项卡进一步完善 SmartArt 图形。

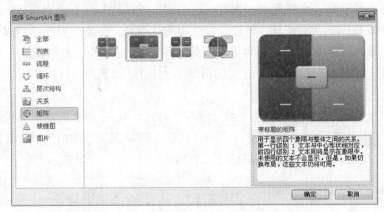

图 12.4　"选择 SmartArt 图形"对话框

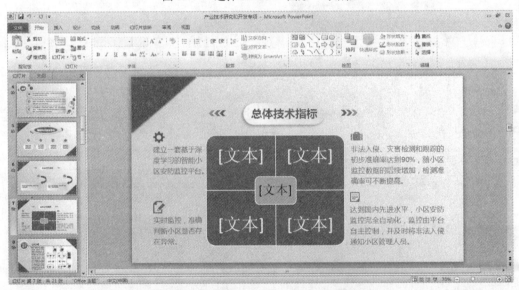

图 12.5　向幻灯片中插入 SmartArt 图形

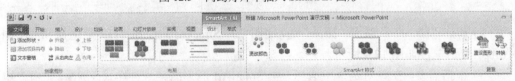

图 12.6　"SmartArt 工具-设计"选项卡

图 12.7　"SmartArt 工具-格式"选项卡

同时，用户能够将输入的文本转换为 SmartArt 图形。首先选中要转换为 SmartArt 图形的文本，然后在选中的文本上右击，在弹出的快捷菜单中选择"转换为 SmartArt"选项，在弹出的级联菜单中选择指定类型的 SmartArt 图形完成转换即可。

12.2 使 用 图 片

当用户要向幻灯片中加入照片、场景画面等图像数据时，就不能使用简单的图形来表达，而应该向幻灯片中插入图片，它是比图形更为复杂的对象。能够向幻灯片中插入的图片主要被划分为两类，一类是剪贴画，它是 Office 自带的插图、照片和图片，在 PowerPoint 安装时，就已经被嵌入 Office 中；另一类是来自于外部的图像文件，如 TIFF、BMP、PNG、JPG 等格式的图像文件。

（1）插入剪贴画

1）在幻灯片窗格中选择要插入剪贴画的幻灯片。

2）单击"插入"选项卡"图像"选项组中的"剪贴画"按钮，打开"剪贴画"窗格。

3）选择指定的剪贴画插入幻灯片中。

（2）插入外部图片

1）在幻灯片窗格中选择要插入剪贴画的幻灯片。

2）单击"插入"选项卡"图像"选项组中的"图片"按钮，打开"插入图片"对话框，如图 12.8 所示。

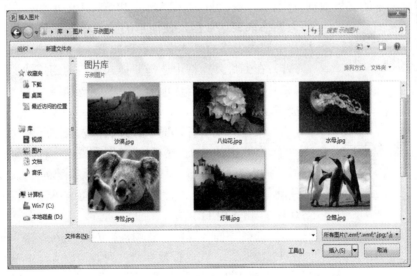

图 12.8 "插入图片"对话框

3）选择要插入的图片，单击"插入"按钮，添加所选图片，如图 12.9 所示。

图 12.9 向幻灯片中插入图片

可以使用图片作为一页幻灯片的背景。此时，首先右击插入的图片，在弹出的快捷菜单中选择"置于底层"选项，然后在弹出的级联菜单中选择"置于底层"选项即可。

12.3 使 用 表 格

为了使演示的文稿数据规则化，同样可以像在 Word 和 Excel 中那样，在幻灯片中插入表格来表达数据，使演示的数据更为清楚和简洁。向幻灯片中插入表格的具体操作步骤如下：

图 12.10 "表格"下拉列表

1）在幻灯片窗格中选择要插入表格的幻灯片。

2）单击"插入"选项卡"表格"选项组中的"表格"下拉按钮，弹出的下拉列表如图 12.10 所示。

3）下拉列表中有以下 4 种方法插入表格。

① 在列出的 8 行 10 列的方格区域内，移动鼠标指针来选择要插入表格的行数和列数，如选择 7 行 9 列大小的表格，则移动鼠标指针到第 7 行、第 9 列位置时单击，将表格插入幻灯片，如图 12.11 所示。

② 选择"插入表格"选项，打开"插入表格"对话框，如图 12.12 所示，在"行数"和"列数"数值框中输入行数和列数，再单击"确定"按钮，即可插入表格。

③ 选择"绘制表格"选项，使鼠标指针变为画笔形态，移动鼠标指针到要插入表格的位置，按住鼠标左键并拖动鼠标绘制矩形，直至矩形大小满足要求，释放鼠标左键。右击矩形区域，在弹出的快捷菜单中选择"拆分单元格"选项，打开如图 12.13 所示的"拆分单元格"对话框，在"行数"和"列数"数值框中输入行数和列数，单击"确定"

按钮，拆分矩形区域为表格，如图 12.14 所示。

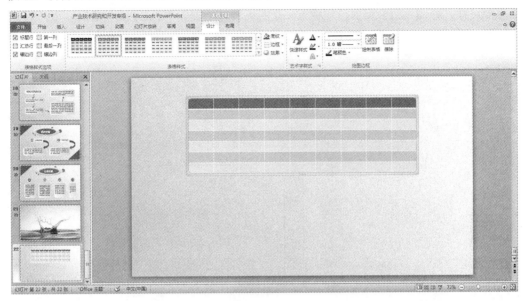

图 12.11　通过移动鼠标指针选取方格来插入表格

图 12.12　"插入表格"对话框

图 12.13　"拆分单元格"对话框

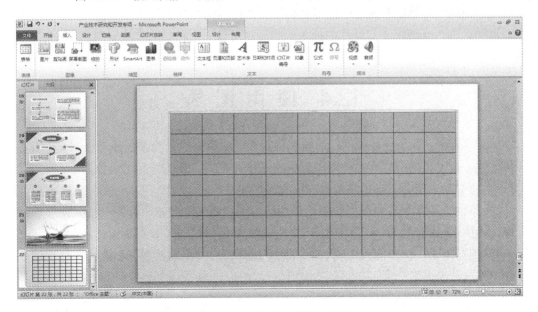

图 12.14　以绘制方式插入表格

④ 选择"Excel 电子表格"选项，在幻灯片中生成 Excel 形式的表格，并缩放表格至适合尺寸，如图 12.15 所示，它将 Excel 的编辑环境嵌入 PowerPoint 编辑环境，因此与使用 Excel 的方法相同，可以在其中编辑任何形式的 Excel 数据。

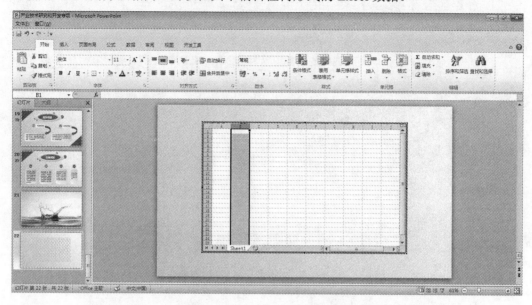

图 12.15　插入 Excel 电子表格

Word 或 Excel 中的表格可以复制到 PowerPoint 幻灯片中。首先打开 Word 文档或 Excel 工作簿，选中并右击要复制的表格区域，在弹出的快捷菜单中选择"复制"选项；然后将鼠标指针移到幻灯片中要插入表格的位置并右击，在弹出的快捷菜单中选择"粘贴选项"中的一种粘贴方式，即可将复制的表格插入幻灯片中。

当然，在 PowerPoint 幻灯片中插入的表格也可以采用相同的方法复制到 Word 文档或 Excel 工作簿中。

12.4　使用图表

演示过程中，为了更加生动、形象和直观地表达数据信息的差别和走势，使观看者一目了然，可采用向幻灯片中插入图表的方式描述数据，具体的操作步骤如下：

1）在幻灯片窗格中选择要插入表格的幻灯片。

2）单击"插入"选项卡"插图"选项组中的"图表"按钮，打开"插入图表"对话框，如图 12.16 所示。

3）根据需要，在"插入图表"对话框中选择相应的图表类型，如选择"柱形图"中的"簇状柱形图"。

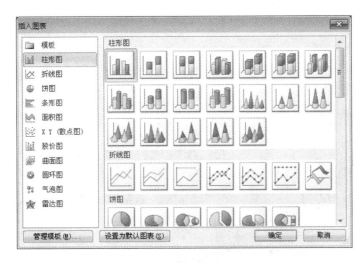

图 12.16　"插入图表"对话框

4）单击"确定"按钮，在幻灯片中插入图表，如图 12.17 所示。此时，进入 Excel 编辑环境，系统提供一组默认的 Excel 数据，由在幻灯片中插入的图表描述该组数据，用户可以通过在 Excel 中编辑数据来设计符合要求的图表。如果要扩大图表使其能够如实地反映所编辑数据的范围，则将鼠标指针移到有效数据区域的右下角并按住鼠标左键拖动鼠标，这样在数据有效区域内所编辑的每一个数据都将如实地反映到图表中。

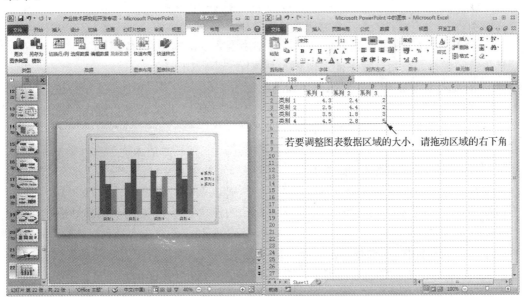

图 12.17　默认的图表数据和图表

5）在自动打开的 Excel 环境中编辑数据，并在 PowerPoint 中编辑图表，完成图表的插入，如图 12.18 所示。

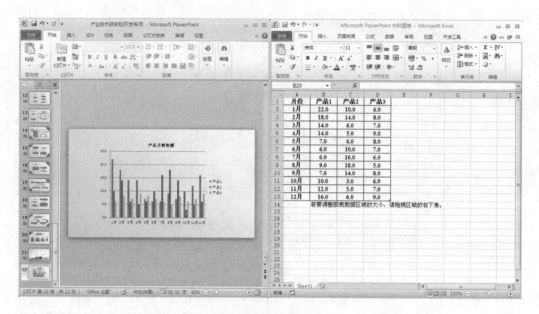

图 12.18 插入的图表

也可以事先在 Excel 环境下将图表建立好，然后把建立好的图表从 Excel 中复制到 PowerPoint 的幻灯片中，实现图表的插入。

12.5 使用视频和音频

PowerPoint 功能强大，能够在其幻灯片中展现各种形式的素材，而其中也包括视频素材和音频素材。在幻灯片中插入视频的具体操作步骤如下：

1）在幻灯片窗格中选择要插入视频的幻灯片。

2）单击"插入"选项卡"媒体"选项组中的"视频"下拉按钮，弹出下拉列表。

3）下拉列表中有以下 3 种方法插入视频。

① 插入本地视频。选择"文件中的视频"选项，打开"插入视频文件"对话框，如图 12.19 所示。在该对话框的文件列表中选择指定的视频文件，并单击"插入"按钮，即可在幻灯片中插入所选视频，通过播放幻灯片可以查看视频。

② 插入来自于网站的视频。选择"来自网站的视频"选项，打开"从网站插入视频"对话框，如图 12.20 所示。在文本框中输入视频网站网址，再单击"插入"按钮即可。

③ 插入来自剪贴画的视频。选择"剪贴画视频"选项，打开"剪贴画"窗格，如图 12.21 所示。在该窗格中选择指定的剪贴画视频插入幻灯片即可。

在幻灯片插入音频与插入视频的方法类似，具体操作步骤如下：

1）在幻灯片窗格中选择要插入音频的幻灯片。

2）单击"插入"选项卡"媒体"选项组中的"音频"下拉按钮，弹出下拉列表。

3）下拉列表中包含 3 种插入音频的方法，其中包括插入本地音频和插入来自剪贴画的音频，它们与插入视频时使用的方法一致。另外，还包括一种录制音频的方法，选择"录制音频"选项，打开"录音"对话框，如图 12.22 所示。单击对话框中的 ● 按钮，开始录音。录音完成后，单击 ■ 按钮，停止录音。单击 ▶ 按钮，可以试听录制的音频。在"名称"文本框中输入录制的音频名称，然后单击"确定"按钮，即可将录制的音频插入幻灯片中。

图 12.19 "插入视频文件"对话框

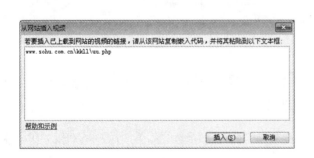

图 12.20 "从网站插入视频"对话框 　　　　图 12.21 "剪贴画"窗格

图 12.22 "录音"对话框

12.6 使用艺术字

幻灯片能够给观看者一种直观的美感，并使人容易理解其表达内容。如果加入艺术字更会让人耳目一新，吸引观看者的眼球。艺术字是一种高度风格化的文字表现形式，经常被用于各种演示文稿，从而达到更为理想的演示效果。

图 12.23 艺术字库

1. 插入艺术字

插入艺术字时，首先在幻灯片窗格中选择要插入艺术字的幻灯片，然后单击"插入"选项卡"文本"选项组中的"艺术字"下拉按钮，弹出艺术字库，如图 12.23 所示；选择一种艺术字效果，此时会在幻灯片中心位置自动生成相应的艺术字图形区，如图 12.24 所示，可在图形区输入指定的文字。

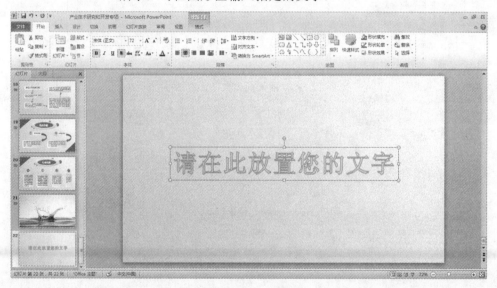

图 12.24 艺术字图形区

在幻灯片中每插入一种艺术字，就会相应地生成一个艺术字图形区，每一个艺术字图形区可分别独立地进行编辑。

2. 编辑艺术字

插入艺术字后，单击某一艺术字图形区，将在功能区显示"绘制工具-格式"选项卡，用户可以根据需要使用"形状样式"选项组和"艺术字样式"选项组中的各选项对艺术字进行修饰。需要指出："形状样式"指包含艺术字的矩形区域的样式；"艺术字样式"指文字本身的样式。

（1）形状样式

1）形状填充。使用纯色、纹理、渐变色或图片填充矩形区域。

2）形状轮廓。设置矩形边框的颜色、线条样式、线条粗细等属性。

3）形状效果。使用预设、阴影、映像、发光、柔化边缘、棱台或三维旋转等方式设置矩形区域的效果。

（2）艺术字样式

1）文本填充。使用纯色、纹理、渐变色或图片填充文本。

2）文本轮廓。设置文本边线的颜色、线条样式、线条粗细等属性。

3）文本效果。使用阴影、映像、发光、棱台、三维旋转或转换等方式设置文本效果。

12.7 使用自动版式插入对象

PowerPoint 为用户定义了多种形式的幻灯片版式，可以在设置幻灯片版式的同时，利用版式向幻灯片的不同位置插入表格、图表、SmartArt 图形、图片、剪贴画、视频等对象。设置幻灯片版式的具体操作步骤如下：

1）在幻灯片窗格中选择要设置版式的幻灯片。

2）单击"开始"选项卡"幻灯片"选项组中的"版式"下拉按钮，如图 12.25 所示，弹出的幻灯片版式库如图 12.26 所示。

图 12.25 "开始"选项卡

图 12.26 幻灯片版式库

3）选择一种版式插入幻灯片，如选择"标题和内容"版式，如图 12.27 所示。

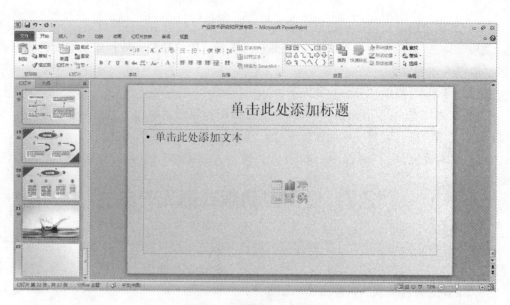

图 12.27 "标题和内容"版式

4）单击指定的图形按钮，可向幻灯片中插入表格、图表、SmartArt 图形、图片、剪贴画、视频等对象。

第13章 幻灯片的交互效果设置

制作精良的演示文稿要求具有良好的交互性，制作者不仅能够在幻灯片中嵌入内容丰富的图形、图片、表格、视频和声音等对象，还能够增加各种对象的动画显示效果、幻灯片的切换效果和实现对象的超链接功能，使播放更为生动和更有感染力。

13.1 动 画 效 果

在演示文稿的制作过程中，为了更加完美地呈现出幻灯片的播放效果，可以在幻灯片的播放过程中加入一些动画效果，使幻灯片的播放更加生动，既能够突出重点，吸引观看者的注意力，又能够使播放变得更为有趣。

1. 为对象添加动画

在播放幻灯片时，能够以动画方式显示其中的对象。对象包括文本框、图表、图片、剪贴画、表格、图形等元素。添加动画的具体操作步骤如下：

1）在幻灯片中选中需要添加动画效果的对象。

2）单击"动画"选项卡"动画"选项组中的"其他"下拉按钮，如图 13.1 所示，弹出动画效果下拉列表，如图 13.2 所示。

图 13.1 "动画"选项卡

3）选择要为对象添加的动画效果。PowerPoint 中有 4 类动画效果：

① "进入"效果用于设置对象出现在幻灯片中的显示方式；

② "强调"效果用于以指定的动画形式突出显示已经放置在幻灯片中的对象；

③ "退出"效果用于指定对象以何种动作离开幻灯片；

④ "动作路径"效果要求已经放置在幻灯片中的对象必须按照指定的轨迹移动。如果 PowerPoint 内置的动作路径不能满足设计要求，则可通过"动作路径"选项组中的"自定义路径"选项对动作路径进行重新设置。

能够同时选择上述 4 类动画效果中的某几类效果应用于同一对象。例如，对表格既应用"飞入"进入效果，又应用"放大/缩小"强调效果，使表格在从左侧飞行进入幻灯片的同时，被逐渐放大。并且，能够同时将某类动画效果中的多个效果组合应用于同一对象，具体操作步骤如下：

1）在幻灯片中选中需要添加组合动画效果的对象。

2）单击"动画"选项卡"高级动画"选项组中的"添加动画"下拉按钮，弹出的下拉列表如图 13.3 所示。

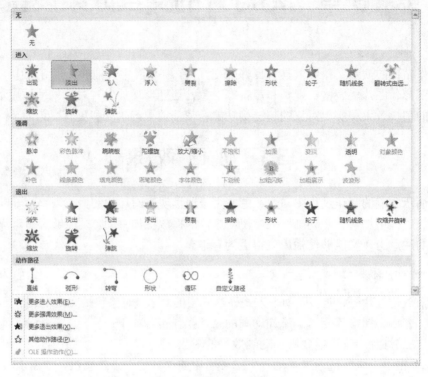

图 13.2　动画效果下拉列表

图 13.3　"添加动画"下拉列表

3）选择要为对象添加的动画效果。每选择一个选项，就增加一种相应的动画效果。

利用 PowerPoint 提供的动画刷功能，可以将某对象的动画效果复制到其他对象上，具体操作步骤如下：

1）在幻灯片中选中要被复制的对象。

2）单击"动画"选项卡"高级动画"选项组中的"动画刷"按钮。

3）选中并单击要复制的目标对象，完成动画效果的复制。

当要清除一个对象上的动画效果时，可在选中该对象后，选择"动画"选项卡"动画"选项组中的"无"动画效果选项即可。

2. 显示设置

可以对添加的动画效果进行设置，包括设置动画效果选项、动画显示计时、动画显示顺序等，具体操作步骤如下：

（1）设置动画效果选项

1）选中已添加动画效果的对象。

2）单击"动画"选项卡"动画"选项组中的"效果选项"下拉按钮，弹出下拉列表。

3）选择指定的选项对动画效果进行设置。需要指出：下拉列表中包含的效果选项与在对象中添加的动画效果类型一致，动画效果类型不同，列表包含的设置选项也不同，有的动画效果类型不能设置动画效果选项。

4）单击"动画"选项卡"动画"选项组右下角的对话框启动器，打开相应的对话框，可进一步设置动画效果。同样，在对象上添加的动画效果类型不同，对话框包含的设置选项也不同。

（2）动画显示计时

为对象添加动画效果后，能够设置其动画的开始显示时刻、持续时间和开始显示的延迟时间。延迟时间是指定动画开始显示的时刻到动画实际开始显示所经过的时间。

1）单击"动画"选项卡"计时"选项组中的"开始"下拉按钮，在弹出的下拉列表中选择动画的开始显示时刻，包括"单击时""与上一动画同时""上一动画之后"。

2）在"动画"选项卡"计时"选项组中的"持续时间"数值框中输入或微调至动画显示的持续时间。

3）在"动画"选项卡"计时"选项组中的"延迟"数值框中输入或微调至动画显示的延迟时间。

（3）动画显示顺序

当为多个对象添加动画效果后，其显示将按照添加动画效果的顺序进行。用户可根据需要重新设置显示顺序。

1）选中已添加动画效果的对象。

2）单击"动画"选项卡"计时"选项组"对动画重新排序"中的"向前移动"或"向后移动"按钮，即可向前或向后调整对象的动画显示顺序。

3. 动画的触发显示

在幻灯片中，通过单击某一对象，能够触发某一事件。例如，单击某一图片，将播放一段指定的视频。被单击的图片称为触发器，而被播放的视频称为触发事件。能够在幻灯片中制作触发器，通过单击触发器的方式来控制对象的动画显示时机。以单击图 13.4 幻灯片中的"经济效益"按钮后显示的动画内容为例制作触发器。

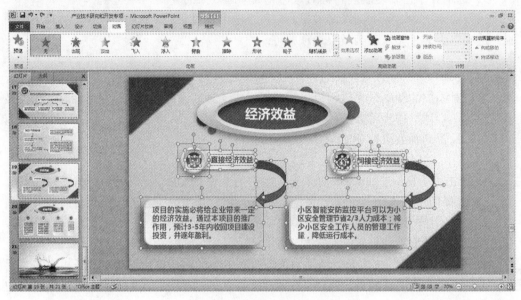

图 13.4　制作触发器实例

图 13.5　触发器按钮的选择

具体操作步骤如下：

1）在幻灯片中选中被触发后要显示的对象，如图 13.4 所示，这些对象已被事先添加动画显示类型。

2）单击"动画"选项卡"高级动画"选项组中的"触发"下拉按钮，弹出下拉列表。

3）选择"单击"选项，弹出的级联菜单如图 13.5 所示，选择作为触发器按钮的对象标题。例如，幻灯片中"经济效益"按钮的标题为"标题 4"，则选择"标题 4"选项即完成触发器的制作。

播放幻灯片时，单击触发器按钮，将动画地显示被触发的对象。例如，单击幻灯片的"经济效益"按钮，则与该按钮相连接的对象将动画地显示在幻灯片中。

4. SmartArt 图形的动画显示

SmartArt 图形能够让文字之间的关联性更加清晰和生动，使普通用户能够以专业设计师的水准设计演示文稿。除

PowerPoint 中 SmartArt 图形的基本显示方法外，还能够以动画形式显示 SmartArt 图形，使演示文稿的制作更具风格。在幻灯片中为 SmartArt 图形添加动画的具体操作步骤如下：

1）选中幻灯片中要应用动画显示的 SmartArt 图形。

2）单击"动画"选项卡"动画"选项组中的"其他"下拉按钮，在弹出的下拉列表中选择要为对象添加的动画效果。

3）单击"动画"选项卡"高级动画"选项组中的"动画窗格"按钮，打开"动画窗格"，如图 13.6 所示。

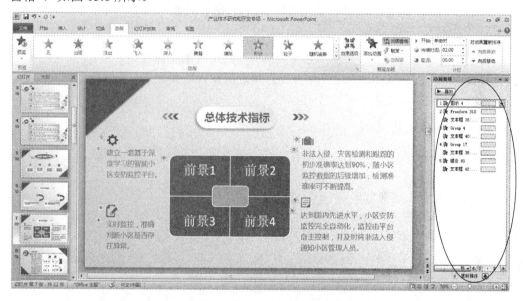

图 13.6　打开"动画窗格"

4）单击 SmartArt 图形项的下拉按钮，弹出下拉列表。

5）选择"效果选项"选项，打开相应的动画效果设置对话框，如图 13.7 所示。如果 SmartArt 图形和它的动画效果不同，则对话框的选项设置也将有所不同。

6）在"SmartArt 动画"选项卡"组合图形"下拉列表中选择 SmartArt 子图的动画显示的组合形式，其中：

① 作为一个对象。将全部子图视为整体应用动画效果。

② 整批发送。将全部子图分别应用动画效果，并同步显示。

图 13.7　动画效果设置的对话框

③ 逐个。将全部子图分别应用动画效果，并按顺序依次显示。

④ 一次按级别。将全部子图分别应用动画效果，并从中心向外按照层次同步显示。

⑤ 逐个按级别。将全部子图分别应用动画效果，并从中心向外依次显示。

7）单击"确定"按钮，完成设置。

如果选中对话框中的"倒序"复选框，则 SmartArt 图形的动画显示将按照与选择的相反的顺序进行。复选框为灰色表示所选择的下拉列表选项无正序和倒序显示之分。默认情况下，所有子图均被设置为相同的动画效果，可分别为子图设置不同的动画效果。首先，在"动画窗格"中选中指定的子图标题，然后在"动画"选项卡"动画"选项组中重新选择该子图的动画效果即可。

13.2　设置切换效果

切换效果是指幻灯片进入和离开计算机屏幕时呈现的整体视觉效果。PowerPoint 提供了多种幻灯片的切换效果，适当地在幻灯片之间加入切换效果，能够使幻灯片更为自然地过渡，增加演示文稿的趣味性。

1．添加切换效果

用户能够根据需要向演示文稿的各幻灯片添加形式各异的切换效果，添加切换效果的具体操作步骤如下：

1）选中要添加切换效果的一组幻灯片。

2）单击"切换"选项卡"切换到此幻灯片"选项组中的"其他"下拉按钮，如图 13.8 所示，弹出的切换效果下拉列表如图 13.9 所示。

图 13.8　"切换"选项卡

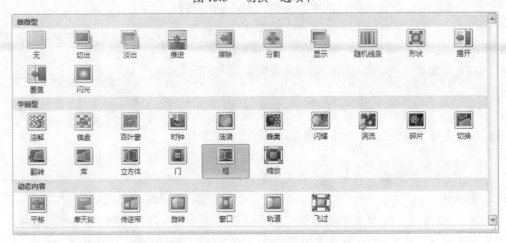

图 13.9　切换效果下拉列表

3）根据需要，在切换效果下拉列表中选择指定的切换效果即可。

2. 设置切换属性

设置切换属性主要包括对幻灯片切换的运动方向、换片方式、持续时间和声音效果进行设置。设置切换属性的具体操作步骤如下：

（1）运动方向

1）选中已设置好切换效果的幻灯片。

2）单击"切换"选项卡"切换到此幻灯片"选项组中的"效果选项"下拉按钮，如图 13.8 所示，在弹出的下拉列表中选择幻灯片切换的运动方向即可。

（2）换片方式

1）选中要设置换片方式的幻灯片。

2）选中"切换"选项卡"计时"选项组"换片方式"中的"单击鼠标时"复选框，如图 13.8 所示，在播放时，可通过单击切换幻灯片；选中"切换"选项卡"计时"选项组"换片方式"中的"设置自动换片时间"复选框，可在对应的数值框中输入或微调至幻灯片的自动切换时间。如果两者均被选中，则在自动切换时间内单击，幻灯片将被切换。

（3）持续时间

持续时间是指从当前幻灯片离开屏幕的时刻开始到另一幻灯片被完全显示在屏幕上为止所经历的时间。

1）选中要设置切换持续时间的幻灯片。

2）在"切换"选项卡"计时"选项组中的"持续时间"数值框中输入或微调至切换到该幻灯片时的持续时间即可。

（4）声音效果

1）选中要设置切换声音效果的幻灯片。

2）单击"切换"选项卡"计时"选项组中的"声音"下拉按钮，在弹出的下拉列表中选择要播放的声音即可。

13.3　幻灯片的超链接

在对象上建立超链接能够从当前幻灯片链接到其他的幻灯片、文件或网页，它对于文稿演示具有鲜明的导航作用，保证文稿演示过程中实现快速跳转，使观看者对演示内容的理解更有条理。

1. 建立超链接

可以在文本、图片、剪贴画、图形、表格、SmartArt 图形等一些对象上建立超链接，以为图 13.10 所示的幻灯片中的"序言"建立超链接为例，具体操作步骤如下：

1）在幻灯片上选中要建立超链接的对象"序言"。

2）单击"插入"选项卡"链接"选项组中的"超链接"按钮，如图 13.11 所示，打开"插入超链接"对话框，如图 13.12 所示。

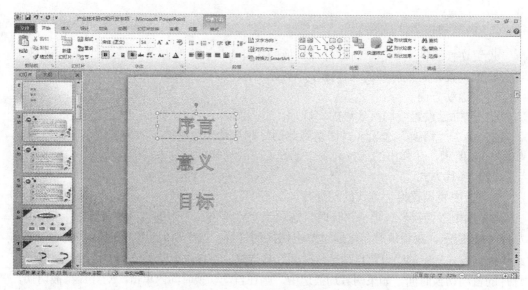

图 13.10　选中建立超链接的对象

图 13.11　"插入"选项卡

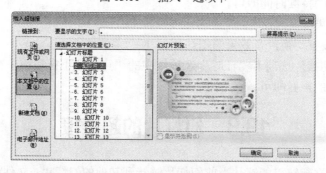

图 13.12　"插入超链接"对话框

3）在"链接到"列表框中，选择被链接的对象类型，包括以下 4 种。

① 现有文件或网页。链接到本机文件或网站网页上。

② 本文档中的位置。链接到本演示文稿的其他幻灯片。

③ 新建文档。链接到 Internet 文件、Word 文件、Excel 工作簿、PowerPoint 演示文稿等各类文档。

④ 电子邮件地址。链接到网络电子邮箱。

本例选择"本文档中的位置"选项，表明单击"序言"后，将链接到当前演示文稿的其他幻灯片进行播放，如要链接到第三页幻灯片进行播放，则在"请选择文档中的位置"列表框中选择"3. 幻灯片 3"选项。可在"要显示的文字"文本框中输入超链接对象的显示文本，本例即为"序言"。如果不能向超链接对象中输入文本，则文本框不可用。单击"屏幕提示"按钮可为对象添加提示信息，使鼠标指针移到该对象上时，自动弹出提示信息。

4）单击"确定"按钮，完成超链接的建立。

2. 动作设置

制作幻灯片过程中，使用 PowerPoint 提供的内置动作按钮，也可实现超链接的建立，此种超链接的动作被划分为两种：一种是单击内置按钮时，超链接到指定对象；另一种是当鼠标指针移动到内置按钮上时，链接到指定对象。动作设置的具体操作步骤如下：

1）选中要插入动作按钮的幻灯片。

2）单击"插入"选项卡"插图"选项组中的"形状"下拉按钮，弹出的下拉列表如图 13.13 所示。

3）根据需要，在"动作按钮"选项组选择一种动作按钮，鼠标指针将变为绘制状态。

4）按住鼠标左键，在要建立超链接的位置拖动鼠标来绘制动作按钮，当动作按钮的尺寸满足要求时，释放鼠标左键即可完成绘制。此时，将会自动打开"动作设置"对话框，如图 13.14 所示。

图 13.13 "形状"下拉列表

图 13.14 "动作设置"对话框

5）在该对话框中设置被链接到的对象。在"单击鼠标"选项卡和"鼠标移过"选项卡中进行的设置将分别被应用于单击动作按钮和移动鼠标指针滑过动作按钮时的超链接。

6）单击"确定"按钮，完成建立。

选中幻灯片中指定的对象后，通过单击"插入"选项卡"链接"选项组中的"动作"按钮还能够为其他对象设置单击或移动鼠标指针的超链接。

第 14 章 幻灯片的播放与共享

当幻灯片制作完成，演讲者在演讲的同时就可以将幻灯片播放给观看者观看，达到图文声并茂的效果。制作者能够根据不同的应用场合对幻灯片的播放效果进行设置，并且能够将幻灯片发送或转换为其他格式的文档，实现共享。

14.1　播放幻灯片

可以采用以下几种形式来播放幻灯片，每种形式的具体操作步骤如下：

（1）从头开始播放

1）打开要播放的 PowerPoint 演示文稿。

2）按【F5】键或单击"幻灯片放映"选项卡"开始放映幻灯片"选项组中的"从头开始"按钮，如图 14.1 所示，从头开始播放幻灯片。

图 14.1　"幻灯片放映"选项卡

（2）从当前幻灯片开始播放

1）打开要播放的 PowerPoint 演示文稿。

2）选中要播放的起始幻灯片。

3）单击"幻灯片放映"选项卡"开始放映幻灯片"选项组中的"从当前幻灯片开始"按钮，将从选中的幻灯片开始进行播放。

图 14.2　"自定义放映"对话框

（3）自定义播放

自定义播放用于将演示文稿中的一组幻灯片按照事先设置好的顺序进行播放。

1）打开要播放的 PowerPoint 演示文稿。

2）单击"幻灯片放映"选项卡"开始放映幻灯片"选项组中的"自定义幻灯片放映"下拉按钮，弹出下拉列表。

3）选择"自定义放映"选项，打开"自定义放映"对话框，如图 14.2 所示。

4）单击"新建"按钮，打开"定义自定义放映"对话框，如图 14.3 所示。

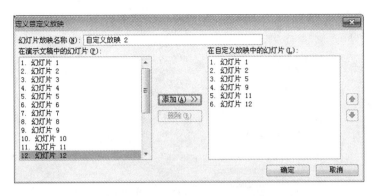

图 14.3　"定义自定义放映"对话框

5）在"幻灯片放映名称"文本框中输入自定义放映幻灯片的名称，它在定义成功后，将被存入"幻灯片放映"选项卡"开始放映幻灯片"选项组中的"自定义幻灯片放映"下拉列表中，在下拉列表选择此名称，能够自定义地放映幻灯片；在"在演示文稿中的幻灯片"列表框中按照播放顺序分别选中要自定义播放的幻灯片，通过单击"添加"

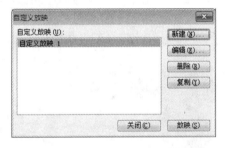

按钮，将其添加到"在自定义放映中的幻灯片"列表框中，在该列表框中选中某一幻灯片后，单击右侧的按钮，可以重新调整播放顺序；单击"删除"按钮，可以从自定义播放的幻灯片中删除该页。

6）单击"确定"按钮，自定义放映的幻灯片将被添加到"自定义放映"对话框中的"自定义放映"列表框中，如图 14.4 所示。通过单击"放映"按钮，也能够自定义地放映幻灯片。

按【Esc】键可退出幻灯片放映。

图 14.4　显示自定义放映名称

14.2　播 放 设 置

演讲者可根据需要对幻灯片的播放进行控制，也可使幻灯片从开始播放到结束播放的整个播放过程在无任何干预的情况下自动进行。因此，为了满足不同场合的播放需求，在幻灯片播放前，需要进行相应的设置工作。

1．设置放映方式

用户能够对幻灯片的放映方式进行相关的设置，以达到不同的放映效果。设置放映方式的具体操作步骤如下：

1）单击"幻灯片放映"选项卡"设置"选项组中的"设置幻灯片放映"按钮，打开"设置放映方式"对话框，如图 14.5 所示。

2）在该对话框中即可进行设置。其中，包括以下 4 个选项组。

① "放映类型"选项组。

a．演讲者放映（全屏幕）：由演讲者控制、全屏幕地播放幻灯片，通常适用于教学授课或会议场合。

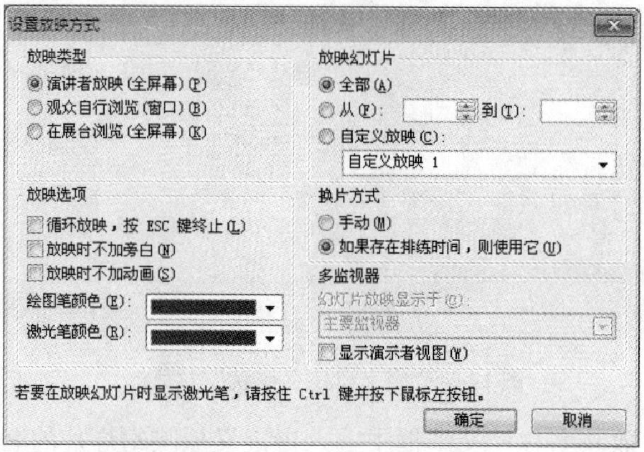

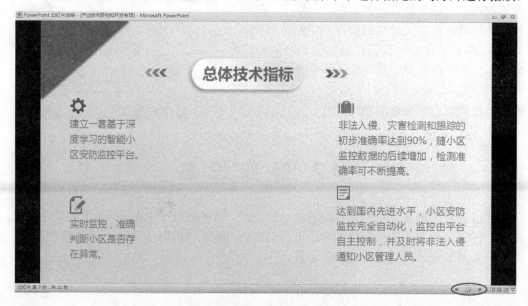

图 14.5 "设置放映方式"对话框

b. 观众自行浏览（窗口）：允许观看者以交互方式控制幻灯片的播放，通常应用于展览会议场合。单击屏幕右下角的左右方向键按钮（图 14.6），可分别切换到当前幻灯片的前一页和后一页幻灯片进行播放；单击按钮中间的"菜单"按钮，可在弹出的下拉列表中选择"定位至幻灯片"选项，然后在弹出的级联菜单中选择指定的幻灯片进行播放。

图 14.6 "观众自行浏览"播放类型

c. 在展台浏览（全屏幕）：该类型采用全屏播放，可采用事先编排好的演练时间循环播放，观看者只能观看，不能控制，适用于产品橱窗和展览会上循环播放产品信息等场合。

② "放映幻灯片"选项组。

a. 全部：播放演示文稿的全部幻灯片。

b. 从……到……：指定幻灯片的播放范围。

c. 自定义放映：选择自定义放映的幻灯片进行播放。

③ "放映选项"选项组。

a. 循环放映，按 ESC 键终止：选择是否循环放映。

b. 放映时不加旁白：选择放映时是否能够加入旁白。

c. 放映时不加动画：选择是否以动画方式播放幻灯片。

d. 绘图笔颜色：选择绘图笔的颜色。

e. 激光笔颜色：选择激光笔的颜色。

④ "换片方式"选项组。

a. 手动：手动控制幻灯片的播放，适用于"演讲者放映"和"观众自行浏览"播放类型。

b. 如果存在排练时间，则使用它：按照排练计时自动播放幻灯片适用于"在展台浏览"播放类型。

3）单击"确定"按钮，完成设置。

2. 使用排练计时

排练计时用于记录每一页幻灯片的排练播放时长，使幻灯片在播放时，能够按照排练计时的时长自动切换每一页。使用排练计时设置幻灯片切换时间的具体操作步骤如下：

1）打开要排练计时的演示文稿。

2）单击"幻灯片放映"选项卡"设置"选项组中的"排练计时"按钮，系统开始以排练计时方式全屏播放幻灯片，并打开"录制"工具栏，如图 14.7 所示。

3）当排练计时播放完成，单击"关闭"按钮，提示框询问是否保留排练计时，如图 14.8 所示。

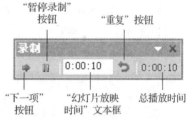

图 14.7　"录制"工具栏

图 14.8　提示框

4）单击"是"按钮，保留排练计时。

保留排练计时后，首先在"设置放映方式"对话框中的"换片方式"选项组中选中"如果存在排练时间，则使用它"单选按钮，再从头播放幻灯片，即可按照排练的计时时间进行播放。

3. 录制语音旁白或鼠标轨迹

演讲者能够录制整个文稿的演示过程并加入旁白，便于将文稿转换为视频或提供给他人。录制语音旁白的具体操作步骤如下：

1）打开要播放的演示文稿。

2）单击"幻灯片放映"选项卡"设置"选项组中的"录制幻灯片演示"下拉按钮，如图 14.1 所示，弹出下拉列表。

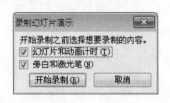

3）选择"从开头开始录制"或"从当前幻灯片开始录制"选项，将使录制从头开始或从当前幻灯片开始，均打开"录制幻灯片演示"对话框，如图 14.9 所示。

4）选择演示时要录制的内容，包括"幻灯片和动画计时"与"旁白和激光笔"，单击"开始录制"按钮，进入幻灯片播放视图，在播放幻灯片的同时加入旁白内容。

图 14.9 "录制幻灯片演示"对话框

录制时，可右击幻灯片，并在弹出的快捷菜单中的"指针选项"中设置标注笔类型和墨迹颜色等属性，使演讲者能够在幻灯片中使用鼠标勾画和标注重点内容。

14.3 共享幻灯片

制作完成的幻灯片能够在 PowerPoint 环境下直接播放运行，但是如果用户并没有在计算机上安装 PowerPoint，幻灯片将无法播放。为此，PowerPoint 提供了多种共享幻灯片的方案，从而使没有在计算机上安装 PowerPoint 的用户也能够观看幻灯片内容。

1. 发布幻灯片为视频文件

使用 PowerPoint 2010 可将幻灯片发布为视频文件，使用户能够使用视频播放器播放转换为视频文件后的幻灯片内容，并提供给其他用户，具体的操作步骤如下：

1）打开要发布为视频文件的演示文稿。

2）单击"文件"→"保存并发送"→"文件类型"→"创建视频"按钮，如图 14.10 所示。

3）在打开的"另存为"对话框中的"文件名"文本框中输入要发布的视频文件名称，如图 14.11 所示。

4）单击"保存"按钮，即可将幻灯片发布为视频文件。

2. 转换幻灯片为直接放映格式

可将幻灯片转换为直接放映格式的文件，转换后，可在未安装 PowerPoint 的情况下直接播放幻灯片，转换的具体操作步骤如下：

1）打开要转换为直接放映格式的演示文稿。

2）选择"文件"→"另存为"选项，打开"另存为"对话框，如图 14.11 所示。

图 14.10 "创建视频"按钮

图 14.11 "另存为"对话框

3）在"文件名"文本框中输入要转换的文件名称；在"保存类型"下拉列表中选择"PowerPoint 放映"选项。

4）单击"保存"按钮，即可将幻灯片转换为直接放映格式的文件。

14.4 幻灯片的输出

幻灯片制作完成后，除了直接播放外，还能够将幻灯片打印在适合的纸张上，以纸质文档的形式提供给用户，下面主要介绍页面设置、打印设置和打印等主要环节。

1. 页面设置

对幻灯片进行页面设置的目的是使打印的幻灯片能够与纸张类型相适应。页面设置的具体操作步骤如下：

1）打开要打印的演示文稿。

2）单击"设计"选项卡"页面设置"选项组中的"页面设置"按钮，如图 14.12 所示，打开"页面设置"对话框，如图 14.13 所示。

图 14.12 "设计"选项卡

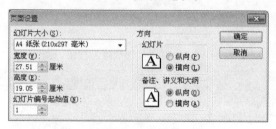

图 14.13 "页面设置"对话框

3）"幻灯片大小"下拉列表用于选择预设的幻灯片尺寸；"宽度"和"高度"数值框用于设置幻灯片大小；"幻灯片编号起始值"数值框用于设置幻灯片的起始编号，打印后可根据编号整理纸张；"方向"选项组用于设置幻灯片的页面方向；"备注、讲义和大纲"选项组用于设置备注、讲义和大纲的页面方向。

4）单击"确定"按钮，完成页面的设置。

2. 打印设置

打印设置主要是设置各项打印参数和预览打印效果，保证能够将幻灯片正确地打印在纸张上面。打印设置的具体操作步骤如下：

1）页面设置完成后，选择"文件"→"打印"选项，显示打印设置页面，如图 14.14 所示。

2）其中，"份数"数值框用于设置幻灯片的打印数量；"打印机"下拉列表用于选择要使用的打印机；"设置"选项组中的下拉列表按照顺序分别用于设置幻灯片的打印范围、每个纸张上面能够打印的幻灯片页数、单面打印或双面打印、调整顺序、纸张横向或纵向打印、黑白或彩色打印。

打印设置完成以后，通过单击页面上的"打印"按钮，即可打印幻灯片。

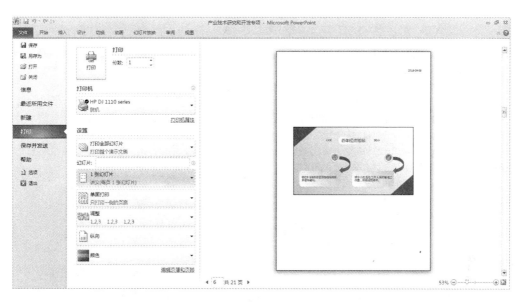

图 14.14　打印设置页面

参 考 文 献

丛飚，2017. 全国计算机等级考试教程二级 MS Office 高级应用（教材）[M]. 北京：科学出版社.

付兵，蒋世华，2017. Office 高级应用案例教程[M]. 北京：科学出版社.

付兵，吕明辉，2017. Office 高级应用实验指导[M]. 北京：科学出版社.

何鹂，刘妍，2015. 大学计算机基础实验指导[M]. 北京：中国水利水电出版社.

候锟，2017. 全国计算机等级考试教程二级 MS Office 高级应用（实验教材）[M]. 北京：科学出版社.

教育部考试中心，2016. 全国计算机等级考试二级教程：MS Office 高级应用[M]. 北京：高等教育出版社.

教育部考试中心，2016. 全国计算机等级考试二级教程：MS Office 高级应用上机指导[M]. 北京：高等教育出版社.

吴登峰，晏愈光，2015. 大学计算机基础教程[M]. 北京：中国水利水电出版社.

徐士良，2017. 全国计算机等级考试二级教程：公共基础知识[M]. 北京：高等教育出版社.